上外国际管理丛书

转型经济下的企业绿色实践研究
——社会资本的视角

Corporates' Green Practices in Transition Economy: Perspective from Social Capital

范培华 著

企业管理出版社

图书在版编目（CIP）数据

转型经济下的企业绿色实践研究：社会资本的视角 /范培华著.
-- 北京：企业管理出版社，2017.11

ISBN 978 - 7 - 5164 - 1622 - 8

Ⅰ. ①转… Ⅱ. ①范… Ⅲ. ①企业环境管理 - 研究 - 中国 Ⅳ. ①X322. 2

中国版本图书馆 CIP 数据核字（2017）第 278639 号

书　　　名：转型经济下的企业绿色实践研究——社会资本的视角

作　　　者：范培华

责任编辑：韩天放　　田天

书　　　号：ISBN 978 - 7 - 5164 - 1622 - 8

出版发行：企业管理出版社

地　　　址：北京市海淀区紫竹院南路 17 号　　邮编：100048

网　　　址：http：//www. emph. cn

电　　　话：编辑部（010）68701638　　发行部（010）68701816

电子信箱：qyglcbs@ emph. cn

印　　　刷：北京鑫益晖印刷有限公司

经　　　销：新华书店

规　　　格：170 毫米 ×240 毫米　　16 开本　　12. 75 印张　　207 千字

版　　　次：2017 年 11 月第 1 版　　2017 年 11 月第 1 次印刷

定　　　价：59. 80 元

摘　要

2015 年，大面积、长时间的雾霾已经给我国民众的工作和生活造成了严重影响。"蓝天下的孩子是祖国的未来，未来不应该是雾霾的世界"，治理污染已刻不容缓。党中央、国务院高度重视环境问题，出台多种政策，从多个方面对环境污染进行严格监管与控制。同时，党的十八大将生态文明建设写进党章。企业的绿色实践活动，获得了前所未有的重视。

绿色实践是指企业在生态环境和产品安全等方面所从事的活动。目前，西方发达国家的企业对于绿色实践普遍保持积极响应的态度。但是在我国等转型经济国家，由于历史、制度背景等原因，很多企业对绿色实践缺乏积极态度。针对目前我国严峻的环境污染和产品安全等问题，本书重点研究了转型经济背景下，企业绿色实践的价值及其作用机理。

当前，学者对绿色实践进行了大量研究，但现有研究仍然存在以下几个问题：首先，关于绿色实践影响财务绩效的研究结论不一致。新古典经济学、代理理论等认为绿色实践会对企业财务绩效产生负面影响，而利益相关者理论、资源基础观等认为企业绿色实践可以帮助企业获得竞争优势，提高财务绩效。因此，企业绿色实践是否能够有效地提高财务绩效的问题，仍然值得讨论。其次，绿色实践活动是如何影响企业财务绩效的作用机制还不清楚，其中的"黑箱"尚未完全打开。在转型经济环境中，由于制度的不完善，导致"社会关系"的作用越来越重要。本书提出，"社会关系"是解释企业绿色实践影响财务绩效的中介机制，且强调了行业内和行业外这两种类型的社会关系。最后，现有研究忽视了情境的重要作用，特别是在中国这类转型经济背景下，特殊的市场环境和制度环境对绿色实践的情境影响。针对上述问题，本研究深入探讨了不同制度环境和市场环境下，企业通过绿色实践影响企业社会关系，最终实现绩效提升的复杂过程。

本研究基于信号理论和社会资本理论，构建了关于绿色实践、企业社会关系、恶性竞争、竞争强度以及企业财务绩效的理论框架，并对这些变量间的关系进行了理论探讨。通过对多个省份的企业管理者进行调研，本研究共获得238份有效问卷。结果表明，论文提出的11条假设中有10条通过检验。研究得出以下主要结论：①企业绿色实践可以提高财务绩效；②绿色实践对行业内关系和行业外关系会产生正向影响；③行业内关系和行业外关系对企业财务绩效都有促进作用；④企业社会关系在绿色实践与财务绩效的关系中呈现出中介作用；⑤竞争强度对绿色实践与企业行业外关系的影响具有负向调节作用；⑥恶性竞争对于绿色实践与企业社会关系（行业内、行业外）的影响具有正向调节作用。

对比现有研究，本书的创新性工作主要体现在以下几方面。

第一，本研究基于信号理论，从企业社会责任和社会资本的整合视角，关注了以往绿色实践研究中较少涉及的企业社会关系这一变量，检验了绿色实践对企业社会关系的影响。本研究认为企业通过绿色实践传递出绿色信号，加强了外部组织或个人对该企业的信任，增进互惠与合作机会等，进而可以促进双方的社会关系。这一研究拓展了绿色实践的结果变量，同时也加深了对社会关系前因驱动的进一步理解。

第二，本研究还重点探讨了企业社会关系在"绿色实践——财务绩效"框架中的中介作用，从新的视角分析了内部作用机制，更好地解释了绿色实践的价值。目前，"绿色实践——财务绩效"的研究结论尚存争议，同时该影响作用的内部机理尚未明确。以往研究极少考虑到信任、合作等中介变量对主效应的影响，且缺乏对企业社会关系的关注。特别是在中国这类转型经济背景下，社会关系对企业发展的重要性不言而喻。本研究在绿色实践与财务绩效之间搭建了桥梁，揭示了"绿色实践——社会关系——财务绩效"的复杂机制。

第三，深入探讨了不同市场环境与制度环境下，企业绿色实践对不同社会关系的影响，深化了对绿色实践价值体现过程中情境作用的认识。现有研究已经认识到制度等外部因素对企业绿色实践的影响，但是相关的实证研究仍较为缺乏。由于中国这类转型经济体往往存在着制度不完善、法律不健全等问题，所以企业间不正当竞争的情况时有发生。而且，我国经济的高速发展促使了企业的迅速成长，同时市场新创企业的增多也直接导致了竞争程度的不断加剧，而这些环境都可能会影响绿色信号的传递。本书具体分析了竞争强度和恶性竞争对绿色实践影响社会关系的调节作用，丰富了现有绿色实践的研究内容。

第四，将企业社会关系进行重新分类，划分为行业内关系和行业外关系，提供了新的细分范式。现有文献大多采用15年前的分类方式，即把社会关系分为商业关系和政治关系。但是，近年来不断有学者关心其他类型关系的重要性，企业与科研单位、高校、社区等之间的关系。传统的分类方法在研究覆盖面上已经无法满足目前的研究需要。本研究根据组织或个人与绿色企业经营活动的相关程度（直接、间接），对社会关系进行重新划分，从而为社会关系研究提供了更完善的理论框架。

关键词：绿色实践；社会关系；财务绩效；竞争强度；恶性竞争

论文类型：应用基础

ABSTRACT

In 2015, Large area haze has caused serious impact on people's working and life. Masks sales are growing. People are barely venturing outside and rely on air purifier. Respiratory departments in hospitals are overcrowded. "Children under the blue sky are the future of the motherland, the future should not be haze." Pollution management has been urgent. The CPC Central Committee and the State Council paid great attention to environment issues and introduced a variety of policies to control environmental pollution from various aspects. At the same time, the 18th Party Congress puts the construction of ecological civilization into the Party Constitution. Premier Li Keqiang also pointed out that "we should firmly keep the blue sky in 2017" in the government work report. Green practice has got the unprecedented attention.

Green practices refer to positive work that firms engaged in ecological environment and product safety. At present, firms in Western developed countries maintain a positive response to green practices. However, in our country and other transition economy countries, a lot of firms hold a neutral attitude towards green practices because of the historical and institutional background. Therefore, according to the severe environmental pollution and product safety in our country, this paper mainly focuses on the value and mechanism of firm's green practices in transition economy. Scholars have paid attention to green practices, but there are still several problems in current studies. First, the result of green practices affect financial performance is inconsistent. New classical economics and agency theory argue that green practices would have a negative impact on corporate financial performance. But the stakeholder theory and resource – based view explain that green practices can help firms to gain competitive advantage and improve financial performance. Therefore, the question of whether green practices can effectively improve financial performance is still worth discussing. Second, the mechanism of green practices affect financial performance is not clear. The black box hasn't been fully opened yet. During the economic transition, the imperfect institutional system results in the importance of " guanxi/ managerial ties" . This paper proposes that "guanxi" is the mediation mechanism between green practices and financial performance. Besides, this paper emphasizes two types of guanxi: intra – value network ties and extra – value network ties. Third, current literature ignored the importance of context, especially the contextual roles of special market environment and institutional environment in transition economy. Aiming to solve these problems, this study explores how green practices affect managerial ties and finally improve financial performance in different contexts of institutional and market environments.

Based on signaling theory and social capital theory, this study constructs the theoretical framework about green practices, managerial ties, dysfunctional competition, competitive intensity and financial performance, and explores the relationship between these variables. According to the survey of managers in several provinces, this study received 238 valid questionnaires. Results show that 10 of 11 hypotheses are supported. There are some conclusions as following: ① green practices can improve financial performance; ② green practices can improve both intra – value network ties and extra – value network ties; ③ both intra – value network ties and intra – value network ties can improve financial performance; ④ managerial ties mediate the relationship between green practices and financial performance; ⑤competitive intensity moderates the relationship between green practices and extra – value network ties; ⑥ dysfunctional competition moderates the relationship between green practices and managerial ties (intra – value network ties and extra – value network ties) .

The contributions of this study could be concluded in the following aspects:

First, based on signaling theory, from the combined perspective of corporate social responsiblity and social capital, this study focuses on managerial ties which are less considered in corporate social responsibility literature. Then it tests the influence of green practices on managerial ties from the integrated perspective of corporate social responsibility and social capital. Through sending green signal, firms gain stakeholders' trust, mutual benefit and cooperation, and then maintain the managerial ties between the two sides. This study extends the outcome variables of green practices.

Second, this study also explores the mediating role of managerial ties in the relationship between green practices and financial performance. It discusses the internal mechanism from a new perspective and explains the value of green practices. At present, the " green practices – financial performance" research conclusion is still controversial. The internal mechanism of the effect is still not clear. Previous research seldom considered the trust or cooperation as mediators influence the main effect, and is lack of discussion about managerial ties. This study sets up a bridge between green practices and financial performance. It also reveals the complex mechanism of " green practice, social relations, financial performance" framework.

Third, this study explores the influence of green practices on different types of managerial ties in different contexts. It deepens the understanding of contextual role during green practices' value embodiment. Current research realizes the importance of environment, such as institution. But the relevant empirical research is still lacking. Because of the imperfect institutional system and inadequate law, there are many dysfunctional competitions in the market. Besides, the rapid development of economy in our country also prompted the rapid growth of the enterprise. More and more new ventures are growing. This paper analyzes the moderating roles and new mechanism of competitive intensity and dysfunctional competition. Finally, this paper enriches the research in the field of green practices.

Fourth, this study classifies managerial ties into intra – value network ties and extra – value network ties, and provides a new classification paradigm. Current literature mostly adopts the classification which is 15 years old (business ties and political ties) . But recently, some scholars doubt the importance of other types of ties, such as the ties with university and community, etc. In the aspect of research coverage, the traditional classification has been unable to meet the needs of the current research. Based on the connection between organization or individual and the business activities of green firms (direct and indirect) , this study reclassifies the types of ties and provides a better framework of ties research.

Key Words：Green parctices；Managerial ties；Financial performance；Competitive intensity；Dysfunctional competetion

Type of Dissertation：Application Fundamentals

目　录

1 绪论

改革开放以来，我国各行各业生产力不断提高，市场竞争也越来越激烈。全球化发展促使"中国制造"的产品遍布世界各地，中国成为了名副其实的世界工厂。伴随着经济发展的同时，国内也出现了大量环境污染和产品质量的问题（简晓彬等，2013）。粗放式制造业的急速扩张已经让自然环境压力达到了高峰，2012年的全国性雾霾彻底暴露了我国环境污染的现状。而"雾霾"更是成为了2013年的年度关键词。空气污染、水资源污染、土壤污染等诸多生态问题，已经严重影响了民众的生活和工作，而以往被大家所忽视的环境保护问题也逐渐被重视起来。

环境问题不仅影响国家经济的发展，更涉及子孙后代的健康。大面积、长时间的雾霾已经给我国民众的工作和生活造成了严重影响，治理污染已刻不容缓。因此，不管是在个人、组织还是国家层面，都对绿色事业给予了高度重视。2014年中共中央政治局第六次学习会重点强调了绿色环保意识的重要性，提醒大家要深刻地认识到环境保护、企业绿色实践的必要性和艰巨性。党的十八大将生态文明建设写进党章。

除了生态环境方面受到重视，产品质量和安全问题也受到民众的广泛关注，而频发的产品安全事件更是让消费者进一步提高了自我保护意识。近年来广泛流行的国外代购，让国内的奶粉、化妆品等企业遭受严重打击。因此，基于环境保护和产品安全的绿色实践活动，成为我国企业在当下竞争环境中求得发展的新路径。

在激烈的竞争环境下，如何获得企业竞争优势是学者和管理者普遍关注的话题（Leonidou等，2015）。近年来，企业的核心竞争力已经逐渐从传统的物质资本转向无形资产（Noruzi 和 Vargas – Hernández，2010）。当干净的水源、清洁的空气、安全的土壤等成为大家的日常需求时，绿色实践活动也就自然成为企业竞争力的源泉。虽然越来越多的企业开始认识到绿色实践的重要性，但是从我国企业绿色实践的情况来看，仍然存在很多问题。由于绿色实践对企业财务绩效的影响作用一直存在争议，所以管理者在对绿色实践进行决策时就会产生动摇。一种观点认为，绿色实践可以通过降低生产成本来提高企业利润，通过提高积极声誉、满足利益相关者要求等方面来提高财务绩效；另一种观点认为，绿色实践会直接导致财务成本的增加，特别是对中小企业，绿色实践的成本将会更高，因此可能会负面影响财务绩效。此时，管理者就面临"两难困境"，拒绝绿色实践可能会受到制度制裁等压力，而从事绿色实践又可能会受到财务成本压力。因此，管理者这种复杂的忧虑使得企业绿色实践活动往往处于停滞和观望状态。成本因素在很大程度上阻碍了企业绿色实践，也阻碍了绿色实践在我国的推广工作，同时制约了经济的发展。但是在西方发达国家，绿色实践发展较为成熟，目前普遍已成为行业标准，同时对企业而言也是必需的经营内容。

除了绿色实践，企业社会关系的非正式制度角色也成为我国企业获得竞争优势的重要因素（Fan 等，2013）。与西方发达国家不同，我国的"关系"问题带有浓厚的制度和文化特色。大多数学者都认为，在中国这类转型经济背景下，企业社会关系已成为企业重要的资源。虽然建立和维护企业社会关系的必要性得到了多数学者和管理者的认可，但是制度和市场因素等外界环境的剧烈变化对企业产生了巨大影响，企业社会关系的价值也在发生变化。企业如何建立社会关系以及社会关系对企业的影响如何，都是学者和管理者重点关心的问题（Fan 等，2013）。

目前，西方发达国家在绿色实践领域已发展较为成熟，管理者的绿色思想也较为领先。但是在我国这类转型经济国家，绿色实践仍然处于发展中阶段，企业的社会责任、相关制度建设等方面都存在很多问题。因此，转型经济背景下的绿色实践研究具有特殊的制度情境特色，值得学者进一步关注。本研究重点考虑在转型经济背景下，企业绿色实践活动到底能否提高企业财务绩效，如何提高，作用机制是什么，绿色实践又会对外部组织或个人产生何种影响，这些都成为了战略管理和企业社会责任领域学者无法回避的重要问题。针对这些问题，本研究认为有必要打开绿色实践影响企业财务绩效的黑匣子，帮助企业家有效地优化资源配置，提高企业财务绩效。本研究将基于中国的调研数据，采用信号理论、社会资本理论以及其他相关战略理论，试图解决下列几个问题：绿色实践活动怎样影响企业财务绩效？企业社会关系有哪些类型？企业社会关系是否在绿色实践和企业财务绩效关系之间起着中介作用？竞争强度和恶性竞争如何调节绿色实践对企业社会关系的影响？上述这些问题的答案能够帮助企业正确认识绿色实践的作用和意义，有助于企业在进行绿色实践决策时提供相应的理论指导。同时，企业社会关系这一角色的描述更可以帮助我国企业适应当下的制度背景，具有重要的实践价值。

1.1　研究的现实背景

1.1.1　绿色实践的必要性及其意义

1）企业外部环境要求企业进行绿色实践

西方部分发达国家在第二次工业革命后，大力发展工业和制造业，推动了经济的快速发展。而经济发展的同时，对环境也造成了严重的污染，甚至还威胁到大众的生命安全。例如，英国伦敦 1952 年的烟雾事件震惊全世界。由于大量工业废气和大众取暖烧煤所产生的废气难以消散，聚集在伦敦市上空。污染的大气造成了当时 4000 多人丧生，8000 多人随后也相继死亡（Bell等，2008）。值得注意的是，我国在前几年也重复着西方国家的发展道路，即先发展后治理。但是，由于我国经济发展后发，导致我国沿用西方的老路会存在诸多问题与弊端。例如，经济全球化给我国环保事业的压力，导致我国无法走"先发展后治理"的老路。同时，互联网普及使得大众获取信息的速度和广度也迅速提高，人们对于绿色产品、绿色制造的需求正不断加大。值得注意的是，对于我国目前的企业而言，经济全球化的发展和科技水平的提高，导致企业面临的外部环境正在发生剧烈的变化。特别是在党中央的领导下，构建和谐社会、生态发展的理念正影响着中国的企业管理者和企业文化。在这种外部环境下，对企业的绿色管理提出了相应的要求，通过绿色实践获得竞争优势成了企业顺利发展的必经之路。无论是从国家和地区经济的发展、企业面临的竞争环境还是企业自身发展的需求等多个角度，企业从事绿色实践都是必要的。

第一，政府的绿色理念要求企业从事绿色实践。未来一段时间，绿色经济将是我国经济发展的核心组成部分，而与之配套的则是绿色制度。2013年，中国共产党第十八届中央委员会第三次全体会议的核心思想之一就是要促进生态文明建设，建立系统完善的生态文明制度体系。近年来，民众对保护自然环境的呼声越来越高，环境保护已经成为十分重要的民生问题。我国政府也会在平衡经济发展和环境保护的关系中发挥重要作用。从目前来看，做好环境保护工作对我国具有重要影响。从宏观角度来看，环境保护就是生产力保护，环境的改善就是生产力的发展。走先污染、后治理的路子，就是竭泽而渔。良好的生态环境，更容易引入资本和人才，有利于当地经济的发展。从微观角度来看，自然环境的变化影响到人民的生活健康，和人民群众息息相关。如果企业积极从事绿色实践活动，不仅是为自身考虑，更是为了子孙后代着想。

第二，企业受到媒体和环保协会等组织的绿色压力较大。媒体是信息传播过程中的媒介，是人们用来传递信息、获得信息的途径和手段之一。媒体的宣传内容，极大地影响了企业的生存和发展。特别是近年来，随着科技的发展，衍生出很多其他媒体，如电子杂志、IPTV等。其他利益相关者通过媒体可以第一时间掌握企业的绿色实践资料，而这种信息的传播对企业的发展至关重要。绿色绩效较差的企业、对环境产生严重污染的企业，或者产品安全产生严重问题的企业，相关媒体都会进行报道，进而直接影响企业的利益。例如，每年的"3·15晚会"都会对部分企业进行批评，甚至进行曝光，而曝光的直接后果就是降低企业的销售额，导致利润下降。此外，环保协会也会对企业的绿色实践活动施加压力，通过定期组织的参观活动对其进行监督。同时环保协会和媒体之间还会产生互动效应，媒体会积极报道行业协会对企业绿色实践的监督。

第三，绿色消费者要求企业从事绿色实践活动。绿色产品、绿色服务的供给和消费已经成为经济可持续发展的核心内容。而前几年国内爆发的食品安全问题，唤醒了消费者对绿色产品的消费意识，使得消费者把绿色安全作为采购时重点考虑的因素。绿色产品的信息传播对绿色产品的属性有直接作用，而绿色信息传播、绿色价值属性则对消费者的购买行为有直接影响（Chen和Change，2010）。绿色消费者往往会排斥那些绿色绩效较差的企业以及产品，而青睐那些低碳、环保、安全的产品。例如，著名家电企业海尔公司在绿色实践方面，通过研发节水节电的家电，借助家电下乡的活动，吸引了众多农村消费者，获得了民众的青睐。当然，绿色实践的反面案例也不胜枚举，曾经获得过国家科学技术进步奖的石家庄三鹿集团，因管理问题，牛奶中含有三聚氰胺，最终于2009年宣布破产。值得注意的是，我国是出口大国，对于出口企业而言，当地消费者对绿色产品的需求、绿色生产的标准可能远远高于我国。

第四，国际社会对企业绿色实践的压力。随着经济全球化的发展以及地球村的概念盛行，全球的居民对于大气、水源等共享资源的安全尤为重视。例如，由于地理位置上相隔较近，2015年3月法国巴黎的空气污染导致了英国伦敦的居民受到严重影响。2009年的哥本哈根世界气候大会上，中国在承受西方发达国家的压力下，承诺将积极投入到节能减排工作中去。目前，全球的环境污染问题涉及世界各国，特别对于我国这个经济总量排名世界第二的发展中国家而言，国际社会施加的环保压力更大，因此，我国企业正面临国内和国际双重压力，这也迫使企业从事绿色实践活动。

2) 组织内部发展要求企业进行绿色实践

除了外部因素对企业绿色实践产生压力外，组织内部某些因素也驱动着企业从事绿色实践活动。商业道德领域的学者认为，企业生产经营的直接目的是创造利润，但绿色实践与创造利润并非是绝对矛盾的（Su等，2014）。从企业自身考虑，绿色实践可以帮助企业获得竞争优势，提高绩效水平。

首先，从成本和利润的角度考虑，绿色实践可以降低企业生产成本。对于中小企业而言，和大企业一样，绿色环保可以帮助企业降低成本，减少资源的浪费，提高生产效率（Hajmohammad等，2013）。日本松下电工集团总经理山崎清一表示，松下公司目前已经在技术方面全面绿色化，其强大的研发能力帮助企业通过节能、安全的生产方式进行制造。我国中小企业面临着原材料价格上涨、利润空间缩小等挑战，通过资源的回收利用、节能减排等绿色生产方式，可以优化资源利用率，提高企业竞争优势，提高绩效水平。同时，为了获得当地政府和民众的支持，就必须从事绿色实践。例如，海尔公司绿色产品进入欧洲市场，其属性达到了严格的欧洲标准，因此得到了欧洲政府给予的相关补贴和财务支持。从供应链的角度来看，上下游以及相关合作企业往往会排斥非绿色企业，从而避免整个供应链受到这些污染企业的不良影响。处于绿色供应链的企业，其绿色实践行为会受到其他企业的影响和约束，有助于营造出良好的绿色实践氛围，提升整个供应链的竞争能力，提高企业利润。

其次，技术门槛和资金的因素。从技术方面考虑，目前绿色科技的进步是企业竞争优势的来源之一（Porter，2008），而绿色行为意识薄弱的传统企业，也必将受到绿色企业的竞争。目前，传统的白炽灯行业已经完全被 LED 所取代，而那些在光源方面未积极进行绿色技术创新的企业，则受到行业排挤甚至淘汰。因此，企业想要在行业中长盛不衰，就必须积极响应绿色号召，紧跟绿色技术前沿。此外，对于跨国企业而言，绿色实践更为重要。绿色实践的概念是从西方发达国家传到我国的，对于跨国企业而言，绿色产品和绿色生产就是出口发达国家的门槛。例如，某些国家和地区经常把环保或产品安全作为借口，拒绝进口该产品。因此，跨国公司应时刻了解目前该领域绿色实践的国际标准，从而不被国际市场淘汰。从资金的角度来看，鉴于绿色企业的合法性地位和长期收益，越来越多的投资者更青睐于投资那些绿色型企业。因为投资者已经了解绿色实践将会给企业和自身带来的价值，因此他们也开始关注企业的绿色实践活动，并把企业绿色绩效纳入投资决策的评价体系中去（Su 等，2014）。另外，从政府角度考虑，开展绿色实践的企业可以获得政府提供的诸多优惠政策（土地、政府采购）和财务（贷款、节能补贴）等支持，而这些政府的行为也为企业的资金状况减少了压力。美国最近流行的"绿色银行"，其服务对象和目标就是绿色企业，为其提供专业贷款等服务。相反地，污染型企业或者非绿色企业，其传递给投资者的信号就是生产过程的低效率和高排放，这样的企业会受到当地政府和监管机构的监督甚至惩罚，而消费者也会对其产生排斥心理，进而影响销售额等财务指标。因此，不管是从技术还是资金方面考虑，企业都需要加强绿色实践活动。

最后，从企业形象和声誉方面而言，从事绿色实践的企业更具竞争优势。良好的企业形象和企业声誉是一种无形资产，这种无形资产可以潜在地影响企业经营过程。良好的企业形象可以吸引更多的人才、增加顾客对企业的信任与依赖，同时还可以吸引更多优秀的供应商。而绿色实践可以帮助企业赢得消费者的信任，提高企业声誉，改善整体形象，增加品牌价值，从而提升竞争优势（Ramayah 等，2010）。麦当劳通过与北京市环境卫生管理局合办"倡环保、享美食——回收废旧电池"活动，得到了广大消费者的认可，赢得了自身的声誉，因此其营业额等指标在快餐领域名列前茅。相反地，在绿色方面投入较低，或者绿色绩效较差的企业，其形象和声誉将直接受到负面影响，进而引发多方面的不良后果。总而言之，企业从自身内部的角度考虑，也需要积极响应绿色实践，从而在激烈的市场竞争中获得竞争优势。

3）目前我国企业绿色实践存在的困难

虽然企业的绿色实践活动受到多方鼓励，但是我国企业目前在绿色实践方面的实质性工作进展仍然较慢。

首先，绿色观念的问题。思想指导行动，我国企业绿色实践之所以发展缓慢，首当其冲的原因就是人们绿色思想还未确立。特别是以往"先发展后治理"的思想严重阻碍了企业绿色实践的发展，加之很多国人认为我国地大物博，对空气、水源这类公共资源的忽视，使得绿色思想很难进行推广。上述这些与当下国际形势发展趋势相悖的思想，是我国企业在开展绿色实践过程中需要克服的核心障碍。

其次，绿色实践成本的问题，即绿色定位和经济定位的平衡问题。实施绿色实践活动直接涉及以下两方面的成本。一方面是实施成本的问题，由于技术落后或者不成熟等原因，导致绿色实践的成本过大，企业难以承受；另一方面是下游企业或者消费者并不愿为绿色实践买单，不愿承担由绿色实践而产生的额外成本。这些是很多绿色企业普遍存在的难题，也是监管部门的困惑点。现实生产经营过程中，企业面对激烈的竞争，不得不从产品价格方面入手，降低产品价格，吸引消费者，给企业建立直接的竞争优势。但是，绿色理念在我国兴起不久，消费者对绿色产品认知的广度和深度仍然不够，从而影响企业绿色实践的效果。例如，绿色产品往往价格会高于传统产品，而消费者由于绿色环保意识较差，并不愿购买价格更贵的绿色产品。这部分成本就只能靠企业来承担，往往造成了更大的负担。此外，与企业绿色实践同样息息相关的是我国的资源和能源结构，与其他国家不同，我国是富煤、少气、缺油的能源结构，是煤炭生产大国。在能源利用方面，首先考虑的就是煤炭，而煤炭正是多种污染物排放的核心来源。虽然有学者和专家呼吁国家重视新能源利用以及加大对天然气的利用，但是从国家成本的角度考虑，改变能源利用结构，也势必会改变企业成本现状，对企业而言也是一个重大考验。即便企业积极响应绿色号召，将主要能源从煤炭转为天然气，那么国家也承担了无法估量的压力，这与我国的发展现实存在一定的差距。

再次，政策法规方面。由于之前国家对支持环保方面的法规政策体现得不够充分和完善，企业绿色实践的推进工作也存在诸多问题。政府对企业的制度压力也不够大，因此企业也容易受机会主义的影响，从而放缓绿色实践的脚步。具体而言，由于我国目前还处于工业化中后期阶段，国民经济发展背后的主要支撑是重化工行业、制造业等行业的高速发展，而这些行业的高速发展就意味着大量的能源消耗。此外，我国目前正处于城市化快速推进的中期阶段，该阶段对于资源的需求和消耗也是巨大的。政府等监管部门在处理经济与环保问题的平衡方面，也感觉较为棘手。我国经济发展的特殊阶段和绿色实践意识的崛起，使得我国企业的绿色实践工作表现得较为困难。一方面，政府必须保证社会经济的稳定发展，充分保证就业和人民的生活水平；而另一方面，我国居民日益凸显的环保意识和需求，使得政府又不得不重视企业的绿色实践问题。因此，在环保和产品安全方面，政府的政策制定往往偏于保守，也很难把握经济发展与绿色实践的平衡点。目前的绿色政策对于企业而言，较为粗泛，且存在诸多漏洞。通过相关绿色政策来推进企业绿色实践工作的效果也受到了影响，这也是企业绿色实践难以获得真实进展的问题所在。

最后，绿色技术方面。由于企业绿色实践工作往往涉及到技术创新等问题，对于小企业而言，绿色技术创新往往可以通过引进新技术、自主研发来完成，而这类绿色创新也只是理想情况下的渐进性创新（Noci 和 Verganti，1999）。但是，现实生产经营过程中，企业绿色实践往往会被技术问题所阻碍。真正绿色实践中所需的突变性创新技术是很多小企业所缺乏的，甚至是无力承担的。例如，白炽灯到 LED 的绿色创新技术，一段时间内被部分企业所垄断。而昂贵的技术转移费用与自身乏力的研发能力，迫使诸多中小企业不得不选择退出竞争市场。此外，对于大型企业和大型绿色项目而言，生产环节的绿色工程往往涉及多学科、多专业等问题，而很多企业即便在研发领域投入充分，对绿色技术创新的突破也存在较大的难度。例如，最近流行的绿色建筑领域中，单风力发电技术，就涉及到了电气、通风、土木等多个专业的内容，而在绿色技术创新过程中的相互协作也充满挑战。因此，在绿色实践过程中，技术问题也是一个不容忽视的难点。目前来看，我国企业虽然在面临绿色实践所需的技术问题上，可能还存在一定的困难，但这方面情况正在逐步得到改善。

1.1.2 转型经济背景下企业社会关系的重要性

第三次工业革命以来，伴随着经济全球化的发展和技术创新，企业面临的外界环境日趋复杂。例如，消费者的个性需求增加，供应商的生产能力不断提升，市场竞争愈发激烈。对于企业而言，企业内部的管理方式、资源禀赋等因素固然重要，但是企业所处的外部环境，对企业的发展同样重要。特别是对在中国经营的外资企业而言，其对中国特色的"关系"的重视与利用程度将决定该企业的命运（Fan，2002）。

我国由于历史原因，目前很多法律法规等制度方面还存在漏洞和不足。特别是在部分经济相对落后地区，制度缺失、制度落实与履行不到位的现象更为严重。在这样的制度环境下，市场中出现了大量仿造、假冒等恶劣行为，而这种机会主义行为对那些积极主动采取技术创新的企业产生了严重的影响。例如，企业耗费大量研发资金进行技术创新，但是由于知识产权无法得到有力的保护，其销售额受到严重影响。在这种制度环境下，创新企业的创新积极性就受到打击，严重时甚至会停止创新活动（Teece，1986）。特别是在中国目前经济快速发展的局势下，相关配套制度没有跟上经济发展的步伐，这种不平衡发展模式将对企业创新和发展带来巨大的风险。

应对这种制度问题，也并非绝无办法。Peng 等（2003）、Xin 和 Pearce（1996）都指出，在我国目前这种制度环境下，作为正式制度缺陷的补充机制，"关系"对于我国企业的生存发展起着至关重要的作用，它作为重要的社会资本正在逐渐受到管理者的重视。"关系"指两个人之间非正式的、特殊的个人连接，这种连接通过服从长期关系、共同承诺（Commitment）、忠诚（Loyalty）以及责任等社会规范的隐性心理契约所约束（Chen 和 Chen，2004）。在我国，人际关系无处不在，整个社会就是由各种社会关系网络构成的（Bian，1994）。中国的转型阶段，企业面临市场环境的动态变化（Wright 等，2005）和制度环境的快速转型（Peng，2003），社会关系成为企业商业运作的重要依赖。特别地，企业管理者会通过与其他企业、政府部门及其他相关机构建立商业关系和政府关系获取外部资源，进一步影响内部能力的构建和利用。其作用具体表现在以下几个方面：

第一，作为一种重要的非正式制度，企业社会关系从一定程度上可以替代正式制度发挥作用（Xin 和 Pearce，1996）。当企业在遇到同行业仿造、山寨等恶性竞争行为时，由于正式制度的缺失或者不足，导致相关机构可能对该行为持可管可不管的态度。而此时企业与政府机构等相关监管部门若保持良好的社会关系，则这种关系就可以弥补制度的不足，从而帮助企业应对上述这些不正当竞争行为。此外，在制度不完善的背景下，企业日常经营活动中涉及到的契约问题常常会得不到保障，毁约等情况时有发生。此时的契约作为正式制度下的产物却无法发挥其作用，但是关系作为制度补充却可以解决契约的不足。

第二，企业社会关系是企业建立正统性（Legitimacy）和声誉的重要途径（Yang 和 Wang，2011）。正统性反映了由规范、信仰及定义描述的社会构建系统对企业行为的可取性、合适性和恰当性的感知程度（Deephouse 和 Suchman，2008）。企业的正统性对于企业而言至关重要，这意味着企业获得了政府等机构的认可，具有正统性的企业同时也获得了消费者、上下游以及整个供应链环节的认可，这些认识将保证企业的顺利运营。良好的正统性可以保证企业的稳定运作，对于那些同行业竞争者的恶意攻击等行为，也可以产生威慑的作用。此外，企业拥有良好的社会关系可以帮助企业提高自身的声誉。拥有良好社会关系，说明该企业在日常经营管理中考虑到了利益相关者的切身利益，同时与他们保持了良好的合作与交往关系。企业声誉这类无形资产可以直接为企业创造社会效益，同时潜在地为企业带来经济效益。

第三，企业社会关系是企业应对管理环境不确定的重要资源（Cheng 等，2012）。在中国，企业管理者与政府官员的关系是一种特殊的关系（Li 等，2014）。尽管中国经历了三十年的市场化改革，各级政府官员在项目审批、资源配置方面仍然有相当大的权力，政府对企业的干预是企业经营中面临的一大风险（Nee 等，2007）。Tan 和 Litschert（1994）在对中国企业家的调研中发现，在影响企业绩效的八大环境因素中，政府监管制度是影响力最大、最复杂、最难以预测的因素。因此，企业管理者与政府官员建立社会关系时能够更好地管理因制度环境变化带来的不确定性（Peng 和 Luo，2000）。

第四，企业社会关系可以帮助企业更好地接受与传递信息。由于市场环境的不确定性导致企业与市场间的信息不对称，大量商业机会存在于市场中却无法被企业有效识别，而通过社会关系获取更多有价值的市场信息可以帮助企业更好地识别商业机会。例如，良好的社会关系可以顺利地把当下市场中消费者的偏好、供应商的决策、同行业的发展情况等信息，及时地传递到企业（Wu，2008）。而这类信息作为稀缺的资源，也是企业竞争优势的一种。此外，对于政府所制定的政策性信息，企业通过社会关系可以提前获得该信息，以便提前应对政策变动对其造成的影响。当然，对企业有利的政策信息，也会加快企业获利的节奏。

第五，对于资源匮乏的中国企业来说，企业社会关系也是企业获取竞争性资源的重要途径（Li 等，2008）。社会资本理论认为企业社会关系是一种重要的社会资本（Zhang 等，2012），其基本作用是获取或共享关系伙伴的关键资源，这些资源包括技术、市场、资金、知识以及政策支持等。企业社会关系能够突破企业界限以扩大企业资源构建的范围，从而获取其他企业所不具备的异质性资源以建立和保持企业竞争优势。此外，从交易成本的角度来看，虽然企业与利益相关者维持社会关系需要耗费一定的企业资源，但是拥有良好社会关系的企业可以降低市场中的交易成本，进而促进企业的财务绩效。总之，企业社会关系会对企业战略管理的很多方面产生重要影响，如何保证企业通过充分利用社会关系提高企业市场竞争力从而创造价值，成为中国企业面临的一个重要管理挑战。

在实践活动中，企业社会关系具有重要的作用，而企业绿色实践也会对社会关系产生重要影响。企业绿色实践行为涉及到产业链的每个部分，不但有与自身经营直接相关的行业内组织和个人，还包括各类间接利益相关者。因此，绿色实践与社会关系之间也存在紧密的关系。

首先，对于行业内与绿色企业直接相关的单位，绿色型企业良好的社会形象和突出贡献可以影响双方之间的关系。例如，绿色消费者越来越意识到消费品对环境的影响，可能会要求企业改善其环境绩效，同时绿色消费主义的出现暗示着一些消费者愿意为环保型产品支付额外的费用。企业绿色实践不但可以通过提高售价提高产品销售额，同时还可以通过满足绿色消费者的特殊需求，从而与其形成良好的社会关系。对于同行业来讲，企业绿色实践也有积极意义。绿色行为是以绿色技术和绿色文化作为驱动的，而这种技术和文化可以促进同行业之间的交流和合作，凸显竞合的理念。绿色投入是企业环境技术价值链的源头，在产业链绿色化的大背景下，供应商为了维护自身的声誉，更倾向于和绿色企业合作，反而可能会停止为环保绩效差的企业提供服务。因此，绿色实践对上下游之间的关系也有重要作用。

其次，对于那些不和组织进行正式交易的个人和团体，如政府、媒体和当地社团等，即行业外的利益相关者，企业绿色实践可以促进双方良好社会关系的建立和维护。政府是环境法规的制定者和执行者，近些年，受到民众对环境保护的压力，政府也愈发重视企业绿色行为（Zhu 和 Sarkis，2006）。

一方面，政府会把环保压力转移给企业，通过制度手段要求企业从事绿色实践活动。对于绿色绩效不达标企业，往往会面临罚款、停业等制裁，将严重影响到企业的生存和发展。而另一方面，政府也会对那些积极采取绿色实践的企业进行相应的补贴和奖励，甚至配合企业进行相关政策方面的制定。政府需要从企业中获得信息，以更好地进行监管，而企业也需要政府为自己提供支持。因此，双方在绿色实践方面存在互惠预期，给双方关系的建立奠定了基础。此外，网站、报刊等媒体也是与企业经营密切相关的单位，双方也存在互惠预期。而绿色实践可以为企业和媒体带来双赢局面。一方面，企业绿色实践的行为可以给媒体提供正面的新闻素材，绿色信号可以增加媒体的信任感；另一方面，对于企业而言，媒体对自身绿色实践的积极报道，可以提升企业形象，吸引绿色消费者，增进竞争优势（Babiak 和 Trendafilova，2011）。除了政府和媒体，近年来西方学者开始关注企业与社团的关系，并认为双方在双赢的基础上，可以保持良好的社会关系。

综上所述，在当下我国竞争激烈的市场环境下，企业社会关系在企业日常经营活动中扮演了重要的角色。同时，绿色实践也与企业社会关系存在紧密联系。

1.1.3　竞争强度的重要作用

诸多学科领域的学者都对竞争强度进行研究，早期的产业组织经济学（Porter，1980）研究探讨研究行业层面的竞争强度问题，并假设在同一行业的公司都是事实上的竞争对手。从这个角度，竞争强度就是指同一行业中（市场结构）类似企业的数量。例如，垄断市场结构意味着较低的竞争强度，而完全竞争的市场结构则意味着高强度的竞争。生态学领域的学者更多地考虑竞争环境下，企业的生存问题。生态学认为具有类似资源需求的公司，彼此间趋向于高强度的竞争（Freeman 和 Hannan，1989）。企业与竞争对手之间越是相似，则竞争越激烈。

竞争强度作为战略管理研究中的一个重要概念，同样也受到战略学者的广泛关注。竞争强度对公司经营以及绩效产出等都具有重要作用，例如，竞争强度对公司行为、公司存活、合作可能性、公司成长和创新等诸多方面都存在影响（Wu 和 Pangarkar，2010）。竞争强度还会驱使企业进行战略变革，例如，高竞争强度会迫使企业进行差异化营销、压低产品价格、提高服务质量等。特别是中国这类转型经济国家，经济高速发展的同时还伴随着环境高度动荡和竞争日趋激烈等现象（Hitt等，2004），而竞争激烈的市场环境下，企业需要面临更严峻的资源等问题。简言之，市场竞争环境会从内部资源、战略柔性等多个方面对企业的经营活动产生重要影响。

1.1.4　恶性竞争的重要影响

制度环境也是战略研究中重要的情境因素，特别是在制度理论的引导下，大量学者开始关注制度对于企业管理的影响（苏中锋和孙燕，2014）。竞争强度反应的是竞争压力，属于市场特征；而恶性竞争反应的是竞争的方式，属于制度特征。目前，我国正处于经济转型阶段，相应的制度也在不断完善过程中。但是，缓慢的制度完善步伐使得经济社会出现了诸多恶性竞争和机会主义行为。例如，各类山寨产品、企业侵权、随意违约等。这类恶性竞争行为是制度缺失的产物，反映了市场中机会主义行为和不公平行为的普遍性（苏中锋和孙燕，2014）。

恶性竞争会对企业的生产经营活动产生重要影响。例如，恶性竞争环境下，企业的知识产权无法得到保护，从而会影响企业技术创新的积极性。恶性竞争还会影响管理者的战略选择，面对恶性竞争的环境，管理者一方面可以选择"同流合污""以牙还牙"，另一方面也可以选择"另辟蹊径""孤军奋战"。此外，恶性竞争行为会直接影响其他组织对绿色实践企业的评估和判断，进而影响绿色实践对企业社会关系的作用。例如，消费者等利益相关者对企业所传递的绿色信号进行解读时，可能会受到制度因素的影响。所以，本研究在分析绿色实践对企业社会关系的影响时，不得不思考恶性竞争对上述主效应的情境作用。

总而言之，恶性竞争会对企业产生重要影响，管理者和学者需要充分重视到该情境的作用。

1.2　研究的理论背景

1.2.1　绿色实践的主要研究内容

20世纪80年代，经济发展与环境危机的矛盾凸显，大量研究开始重视绿色实践的价值。绿色实践的主要内容也得到延伸，各个专业的研究基于多种理论视角，对绿色实践的研究框架进行探索。战略管理、经济学、公共政策的学者们逐渐认识到企业的积极环保策略对企业的价值。绿色实践从最初的环境保护管理，延伸到企业环境社会责任（Environmental CSR）、绿色公司治理（Green Corporate Governance）等多个方面，研究视角也主要集中在资源基础观、生态响应观和制度理论等方面。

资源基础观把企业所具备的稀缺的、不可替代的、特殊类型的资源视为企业竞争优势的来源（Barney，1991）。企业绿色实践的能力作为企业特有的无形资产，本身也是一种资源。Russo 和 Fouts（1997）指出，绿色实践是对企业内部资源进行有效管理，从而提高绿色绩效，进而提升竞争优势，提高财务绩效。Aragon - Correa 和 Sharma（2003）认为，企业绿色实践的重要驱动力来源于企业自身能力和资源，同时绿色实践行为还受到例如制度、地理位置等特殊外部条件的影响。在资源基础观的基础上，Hart（1995）通过结合自然生态因素与绿色实践研究，定义了自然资源基础观（Natural - resource Based View），该理论为绿色实践的研究提供了新的视角。Hart（1995）认为，企业绿色实践的核心目标就是获得组织竞争力，而为了获得该竞争优势，企业需要从防治污染、绿色产品管理与可持续发展这几个方面着手。前两个环节是指在产品生产和销售环节强调对自然生态的重视，尽可能减少环境污染等问题，而可持续发展则为更全面、更高定位的过程。前两个环节是企业可持续发展的基础，而可持续发展是前两个环节的最终目的。Hart（1995）的自然资源基础观在 Barney（1991）理论的基础上，强调企业应该充分重视外部生态环境，通过内部资源的合理配置，达到可持续发展的目的，进而获得竞争优势。

生态响应观强调企业也处于自然环境中，本身也是自然生态的一部分。因此，企业在发展过程中，不得不考虑与自然环境的共同发展。Bansal 和 Roth（2000）认为，绿色实践行为就是组织针对外部自然做出的一种反应，即生态响应。而制度压力、利益相关者压力和领导思维等因素都会对该生态响应产生驱动影响。该研究视角最大的贡献是强调了这种生态响应的前因、结果以及调节因素。利益相关者理论基于生态响应观，强调绿色实践前因的本质是"利益"，即污染、产品安全等问题会直接影响到居民、政府等其他利益相关者的切身利益。因此，绿色实践活动可以通过满足利益相关者的利益来获得竞争优势。

此外，制度理论主要考虑了制度环境作为驱动绿色实践的前因和情境效果。在前因方面，包括法律法规、规则规范等作为制度因素都会对绿色实践产生影响。这种观点逐渐受到学者的关注，并进行了相关的研究。例如，Jennings 和 Zandbergen（1995）在制度理论的基础上，强调了"规范、文化和规则"这三个制度因素驱动企业绿色实践的影响作用。Jennings 和 Zandbergen（1995）强调绿色实践是对组织内部资源的合理利用，目的在于适应外部制度环境，最终获得竞争优势。

1.2.2　企业社会关系的研究内容

基于资源的观点认为，企业竞争优势源于对稀缺的、有价值的、难以替代的和不可模仿的资源与能力禀赋的控制（Barney，1991）。然而，在竞争日趋激烈的今天，越来越多的企业发现自己陷入企业现有资源和能力难以保持其竞争优势的困境。为了超越竞争者，企业会更多地通过不同的形式与其他企业甚至与长期竞争者合作，从而寻求企业所需的互补性资源（Dyer 和 Singh，1998；Harrison 等，2001），提高内部资源与能力的应用效率，更好地实现创新。这些合作形式既包括战略联盟等正式网络的建立，也包括通过管理者人际关系进行合作等非正式网络的建立（Das 和 Teng，2000；Peng 和 Luo，2000）。

另一方面，社会资本理论也指出企业间的社会资本对于促进外部资源获取，实现创新起到了重要作用（Zhao 和 Aram，1995），许多研究表明与其他企业和部门之间的关系增加了获取相关信息、知识与技术的可能性（Leonard－Barton，1992）。此外，社会资本增加了信息处理能力，使得内部资源能够更好地流动、转移和应用。在中国转型经济背景下，企业社会资本的主要表现为企业社会关系（Managerial Ties），即"管理者的边界扩展（Boundary－spanning）活动及与其关联的与外部实体的交互"（Geletkanycz 和 Hambrick，1997）。在现有文献中，学者们重点关注到两类重要的企业社会关系：①企业管理者与商界的关系，即商业关系（Business Ties）。例如，与客户、供应商和竞争对手建立的社会关系；②企业管理者与政府或政府官员的关系，即政治关系（Political Ties）（Luo 和 Chen，1997；Peng 和 Luo，2000）。企业与外部建立的这种良好社会关系可以帮助企业在多方面获得收益。例如，与客户的关系可带来更好的客户满意度和保持度。与供应商的紧密关系能够帮助企业获取高质量的原材料，产品服务，以及及时的发货。而与竞争对手保持良好的关系可以使双方可能的企业间合作更加顺畅地进行（Peng 和 Luo，2000）。此外，尽管市场机制渐渐被引入到中国经济中，政府的监管体制仍然对企业运作有不可忽视的影响（Nee，2007；Peng 和 Heath，1996）。因此，企业的高层管理者仍然需要通过建立政府关系来获取政策支持和保护（Luo，2003；Xin 和 Pearce，1996）。

大量研究表明，社会关系对于企业的创新、绩效和竞争优势具有至关重要的作用。Peng 和 Luo（2000）的研究发现管理者与其他企业管理者的商业关系、管理者与政府官员的关系都与企业绩效正相关，且这种正向关系受到企业所有权类型（Ownership Types）、业务部门（Business Sectors）、企业规模（Sizes）和行业增长率（Industry Growth Rates）的调节影响。Li（2005）的研究发现，对在中国经营的外商投资企业来说，管理者网络也与其绩效存在正相关关系。Li 和 Zhang（2007）通过对 184 家中国新创企业进行调查研究发现，新创企业与政府之间的政治关系（Political Ties）可以显著促进企业的绩效，并且在不良竞争强度越高的环境中，政治网络对企业绩效的影响越大。Zhang 和 Li（2008）发现，企业社会关系强度可以显著促进企业绩效提升。同时，制度的不断完善导致政治关系的重要性被弱化，而商业关系的重要性逐渐凸显。Li、Poppo 和 Zhou（2008）的研究发现，企业社会关系对于财务绩效的作用，除了受到外部环境的调节作用外，还受到企业类型的影响。由于缺乏对关系使用的经验和能力，外资企业的企业社会关系与外商投资企业绩效存在倒 U 形关系。从上述分析可见，学者们普遍认为企业社会关系在中国转型经济时期对企业发展至关重要，但这种影响会因企业规模的不同、性质的不同、企业所处环境的不同而体现出一定的差别。

相反地，现有研究也对社会关系的价值产生质疑。有学者认为，尽管企业社会关系可以给企业带来诸多利益，但是，建立与维持这些关系也需要企业承担相应的成本，而某些情况下巨额成本反而会降低企业绩效，因为这些成本有时会超过关系给企业带来的收益。此外，某些跨国企业为了与政府等部门建立良好的社会关系，需要通过政治参与来实现。因此，这些企业为了维持自身良好的企业形象与声誉，获得当地政府的支持，必须积极主动地承担大量的企业社会责任（王志乐，2005）。而履行企业社会责任所产生的成本，也被认为是企业的一种负担。更有些企业为了获得对自身有利的政策，采用政府公关和游说的方式，而这方面产生的费用则更多。值得注意的是，中国企业家大多十分重视企业社会关系的价值，因此花费大量资源与精力在社会关系的培养方面，却严重忽视了技术创新、管理提升等企业内部问题。创造了良好的外部环境却耽误了企业自身的内部发展，从而降低了创新能力与企业竞争力（倪昌红，2011）。因此，部分学者认为对社会关系的过度依赖不但不会促进企业发展，反而会阻碍其正常经营。

虽然大量学者关注了企业社会关系对企业的影响，即研究了企业社会关系的价值，但是，目前关于企业社会关系产生原因的研究却不多，也就是企业社会关系的前因变量研究还较少。现有研究已经关注了行业层面和组织层面的诸多特征对企业社会关系的作用，例如，竞争强度、结构不确定性、企业所有权、战略导向以及企业年龄、企业规模等（Li，2005）。为了进一步挖掘企业社会关系的产生与来源，本研究重点关注了企业社会关系的前因——绿色实践的作用，这也是本书的研究重点之一。

1.2.3　竞争强度的主要研究内容

不同学科领域的学者对竞争强度的研究视角也不同。早期关于市场竞争的研究主要来源于行业组织经济学（Industrial Organization Economics）（Bain，1956；Porter，1980），主要是基于"同行业的企业都是实际竞争者"的假设，来研究竞争强度在行业层面的情况。根据这个观点，行业中的竞争强度可以用行业内的企业数量进行判断（市场结构）。垄断市场结构就是低竞争强度，而完全竞争市场结构则是高竞争强度。在战略领域，竞争强度作为一种市场因素，经常被战略学者作为环境动态性特征来进行考虑，主要考虑竞争强度的结果变量以及其作为情境因素的调节作用。

首先，竞争强度作为一种极为重要的市场驱动力会影响公司资源分配、运营能力以及对社会关系的应用能力，因为它代表了市场中竞争力的影响（Jaworski 和 Kholi，1993）。竞争强度较为激烈的市场往往伴随着激烈的价格战、沉重的广告负担、更好的产品供给、额外附加服务以及更高的交易成本（Porter，1980）。伴随着新兴经济的崛起，市场竞争变得愈发激烈，交易变得越发复杂，非正式信息处理过程和组织内部的执行会变得更为困难，因为非正式承诺很难进行协调，同时偏差很难进行惩罚。（Guthrie 1998）发现，随着市场竞争激烈程度的增加，企业社会关系的重要性正在逐渐降低。高竞争强度会产生供给需求均衡中不可预知的变化，并使公司处于一种易受攻击的地位（Ang，2008）。这种情况下，公司必须主动并迅速地应对竞争激烈的市场。否则，随时有可能被市场驱逐（Li 等，2008）。随着市场竞争强度的增大，新条例和规则的出台，市场对正式制度的支持度提高，这就要求企业间的相互竞争是基于产品价格、产品质量和产品本身（Guthrie，1998；Peng，2003）。高层管理团队也会更加重视法律法规、规章制度，合理分配资源，把稀缺资源利用到合适的地方，以应对这个逐渐正式化的市场制度（Davies 和 Walters，2004）。

其次，竞争强度同样是计划经济向市场经济转型过程中的重要特征因素（Peng，2003）。在转型经济下，随着越来越多的新型经济增长，中国市场的公司面临不断增加的竞争强度（Luo，2003）。在不同的竞争环境中，企业面临复杂的环境，需要做出不同的决策。竞争强度较高的环境，往往伴随着大量的竞争者，因此在提供的产品和服务方面给消费者提供了更多的选择，同时竞争企业也更为关注消费者需求，以获得竞争优势。相对的，在竞争强度低的环境中，企业受到的压力较小，从而对消费者的关注也较少（Kohli 和 Jaworski，1990）。因此，竞争强度作为情景因素，受到很多学者的关注。

还有学者从其他视角研究竞争强度，例如生态学（Baum 和 Mezias，1992）、战略和组织，他们认为用行业底部构造（或者亚种群）来研究公司生存等产出结果也许更为合适。生态学家们提出了本地化竞争假说，认为有类似资源需求的公司，彼此之间的竞争就更为激烈（Hannan 和 Freeman，1989）。从这个观点来看，组织和其竞争者如果较为类似，则两者之间的竞争强度就越大（Baum 和 Mezias，1992）。

1.2.4 恶性竞争的主要研究内容

Li 和 Atuahene – Gima（2001）将恶性竞争（Dysfunctional Competition）定义为交易市场中出现的各类不正当、机会主义以及违法行为。例如，山寨产品、侵权行为、随意违约、恶性压价等，均为恶性竞争。现有文献中，主要把恶性竞争作为驱动因素和制度情境，研究其对管理问题的驱动作用和调节作用。我国正处于转型经济阶段，制度转型的同时表现出法律法规的不完善、知识产权意识薄弱等制度缺陷。因此，在制度漏洞下，部分企业肆意采取各类恶性竞争行为以获得市场份额。因此,恶性竞争作为情境因素已经成为转型经济背景研究的重要外部特征(Peng 和 Heath,1996)。例如,近年来我国互联网行业出现了大量不正当竞争行为,对行业和市场均产生了不良影响。Pfeffer 和 Salancik(2003)强调,恶性竞争作为重要的制度特征,其情境可以对组织的决策行为产生影响。

正如上文所述,市场中的恶性竞争行为越多,表明该交易市场越是无序(McMillan,1995)。恶性竞争在我国某些行业普遍存在的根本原因,就是相应的法制、法规不完善,现有制度无法对恶性竞争行为进行控制。虽然中国政府在近几十年逐步推出了例如反不正当竞争法等相关制度,但是其效果仍然存在争议,在执法范围、执法力度等方面均存在问题(陈福初,2007)。此外,现有的法律环境给予政府等监管部门较大的操作空间与权力,企业纷纷依靠政府来获得帮助(张祥建和郭岚,2010)。所以,我国企业在这类制度环境下发展,就必须认识到恶性竞争的存在及其严重性(Li 等,2006)。社会网络领域的学者认为,我国企业可以通过与政府建立关系,搭建社会网络,获得政府支持,以应对目前制度缺失的问题(Xin 和 Pearce,1996)。所以,在我国这类制度不完善的环境下,企业面对恶性竞争会更偏向于与政府建立关系来获得保护,即恶性竞争较多的环境会迫使企业认识到政府关系的重要性。相反地,在恶性竞争现象较少的市场环境下,意味着制度环境优良,企业的经营环境较好。企业一旦涉及法律纠纷,均可以通过正规渠道获得解决。因此,在这种环境下,企业与政府建立特殊关系的意识和动机都较弱(Bartels 和 Brady,2003)。

此外,制度环境较差的市场意味着企业需要面临动态环境压力,此时企业固执地执行原有战略将导致严重后果。因此,此时企业需要采取绿色实践战略等多种柔性战略以应对当下的动态环境。这也意味着企业有更大的动力来实施绿色战略,同时与政府建立良好关系,以期在动态环境中获得竞争优势。相反地,在恶性竞争较少的市场环境中,企业维持现有战略的可能性增大,因此不需要投入额外资源来应对动态环境。

1.3 当前研究的不足与启示

1）未能将绿色实践、企业社会关系与企业财务绩效相关的研究内容进行整合

从目前的研究来看，绿色实践影响企业财务绩效的研究结果存在争议，部分研究认为绿色实践会负向影响企业财务绩效，而另一部分研究则认为绿色实践通过满足利益相关者的要求，可以获得竞争优势，从而提高财务绩效。但是该争议最直接的一个原因就是此类研究对内部潜在作用机制未能加以明确，即绿色实践如何影响企业财务绩效的中介效应还值得探讨（Aguinis，2012；Aguilera 等，2007；Aguinis，2001；Margolis 和 Walsh，2003；Wood，2010）。大量的关于绿色实践和企业社会责任的研究主要关注组织为何从事绿色实践活动，以及相关的产出结果如何，而理解绿色实践影响企业财务绩效的过程和潜在机制却是目前亟须解决的问题（Peloza，2009）。

关于绿色实践的研究最初起源于制度层面，而在过去的十年，学者重点集中在组织层面的研究（Lee，2008），对于微观层面的考虑却很少涉及。特别是近年来，战略领域中微观层面的过程因素也逐渐受到重视（Foss，2011；Powell、Lovallo 和 Fox，2011）。目前的研究缺乏对绿色实践微观基础的探究，即对基于个人行为和交互的绿色实践基础考虑不够。例如，有学者认为应该从组织行为、人力资源、心理学等其他学科中借鉴相关理论和方法来研究绿色实践的价值（Aguinis，2009；Aguinis，2011）。因此，本研究引入社会关系这一变量，从人与人的微观层面到企业与企业的宏观层面进行探索，重点研究了企业社会关系在"绿色实践——财务绩效"之间产生的中介影响效果。现有文献在绿色实践影响社会关系方面，还缺乏相应的研究。首先，绿色实践在西方发达国家已经较为成熟，目前已成为行业标准，对企业而言也是一种必须实施的经营策略。但是，在我国这类转型经济国家，绿色实践尚未完全开展。其次，社会关系具有强烈的中国特色，该方面的研究还主要集中在我国的转型背景下。

2）对于企业社会关系分类的观点，缺乏统一的认识

通过以上对理论的梳理可以看出，目前研究把企业社会关系主要分为企业与其他企业管理者之间的商业关系，以及企业与政府部门之间的关系

（Peng 和 Luo，2000）。但是，这样的分类存在一定的争议。例如，企业与上游供应商、下游消费者、同行竞争者、政府、高校等，这类关系之间被认为存在显著差异。因为上述关系中，企业可以获得的资源、知识和信息，以及相应的对过程吸收消化的能力普遍存在异质性（杨卓尔等，2013）。因此，杨卓尔等（2013）针对 Peng 和 Luo（2000）分类中的局限性，把企业社会关系分为企业与上下游之间的垂直联系、企业与同行业之间的水平联系，以及企业与政府部门之间的政治关系，共三种类型。除了上述分类外，Xu 等（2012）提出了制度关系（Institutional Ties），并指出特别是在中国这类转型经济国家，制度因素对企业的影响巨大。因此，根据制度理论和企业社会关系的概念，提出了制度关系，即企业与政府官员、代理、银行、金融机构、大学和贸易协会等各类机构之间的关系。Xu 等（2012）所定义的制度关系一方面弥补了 Peng 和 Luo（2000）分类的不足，另一方面也适应了中国特殊的制度环境。综上所述，很多相关领域的学者都对企业社会关系的分类进行不同的工作，但是各自都存在一定的局限性。因此，在对企业社会关系进行深入探讨时，就必须要考虑到企业与媒体、高校、科研机构等组织间的关系。在上述分析的基础上，本研究把企业社会关系分为行业内关系和行业外关系两类，更为全面和清晰地展示企业社会关系的重要性。

3）忽视市场竞争强度和恶性竞争对绿色实践影响企业社会关系的调节作用

以往绿色实践领域的研究中，涉及的调节变量主要从制度、组织和个人三个层面。制度层面的调节因素有行业管制和成长、利益相关者特征、公众能见度等，组织层面的调节因素有研发投资和广告、冗余资源、公司规模等，个人层面包括雇员自我判断、监管影响等。本研究同样认为，不同的情境对绿色实践的作用存在不同的影响。因此，应把市场因素（竞争强度）和制度因素（恶性竞争）纳入调节因素之中。对于上述两个调节变量，目前在绿色实践领域研究中尚处于起步阶段，相关实证研究也较少。此外，即使关注到了恶性竞争或者竞争强度作为调节变量的机制，也没有涉及到对绿色实践与社会关系之间的调节作用。针对这一理论不足，本书在研究绿色实践对行业内、外关系的影响过程中，考虑了恶性竞争或者竞争强度的调节作用。

1.4 主要研究问题及研究框架

1.4.1 本书的研究问题及内容

根据上述对当前企业管理实践和理论研究中存在问题的分析，本研究认为有必要进一步探讨企业的绿色实践、企业社会关系、市场竞争强度、恶性竞争和企业财务绩效的深层次关系。

本研究的主要研究问题是：转型经济背景下，企业在不同的市场情境和制度环境中，如何通过绿色实践，促进企业与行业内、行业外的社会关系，从而提高企业财务绩效。

具体而言，可以归纳为以下几个具体研究问题：①在制度转型的背景下，企业绿色实践对财务绩效的影响究竟如何？②行业内和行业外关系在绿色实践影响企业财务绩效时扮演了什么样的角色？③在不同的市场竞争环境下、不同的制度结构下，绿色实践对企业社会关系的作用是否会发生变化？

依据上述研究思路和问题，本研究重点讨论如下三方面的内容：

首先，基于信号理论，本研究提出企业绿色实践所传递出的绿色信号可以有效地提高企业竞争优势。转型经济背景下，企业与外部存在显著的信息不对称问题，严重的信息不对称就要求企业将信息传递给外界，让消费者、政府、行业协会等机构加深对企业的了解，其中绿色实践就是信号之一。基于此，本研究以信号理论为基础，指出绿色实践是企业获得竞争优势的重要手段，进而可以有效地提高财务绩效。

其次，基于信号理论和社会资本理论，本研究提出"企业社会关系"是连接绿色实践和企业财务绩效的桥梁。不同的企业社会关系对企业的作用也不同，因此本研究把企业社会关系划分为行业内关系和行业外关系两类，并分别研究绿色实践是如何影响这两类社会关系的。关系的本质、基础就是双方的信任、互惠或者依赖，而信息不对称是阻碍双方关系发展的重要因素之一。为了解决信息不对称的问题，企业就需要向其他单位传递出相应的信号，获得对方的信任，从而建立良好的社会关系，而绿色实践就是一个很好的途径。此外，本研究还强调了行业内关系和行业外关系对企业生产经营的重要性，并进一步指出社会关系是转型经济环境下企业建立竞争优势的重要手段。

最后，本研究将深入探讨市场竞争强度和恶性竞争如何分别调节绿色实践、行业内关系、行业外关系之间的关系。在中国这类转型经济情境下，市场竞争变得愈发激烈，同时在某些行业也存在不正当竞争的情况，而个人和组织在解读企业传递出来的绿色信号时，也会有所不同。为此，本研究根据信号理论，主要从信号传递终端的解读角度，具体分析了市场竞争强度和恶性竞争对绿色实践和社会关系之间的调节作用。

结合上述研究内容，论文在2.5.4节中更为详细地解释了本研究的驱动力，具体分析了本研究为何要回答上述研究问题，并如何开展研究工作（详见2.5.1，2.5.3和2.5.4）。根据以上研究问题和内容，论文在介绍研究背景的前提下对相关的理论进行总结分析，并对目前该领域的相关研究进行梳理，表明本研究与以往研究之间的关系。上述文献综述工作后，根据理论分析提出本研究的理论模型及其假设，设计测量指标，开展问卷调查。然后，利用统计软件对研究提出的假设进行检验，在对研究结果的讨论和总结基础上，概括研究结论，揭示研究结论的现实意义和理论意义。

1.4.2　本书的研究方法

本研究采用理论分析和实证研究相结合的研究方法，首先，进行相关文献综述，通过回顾并梳理绿色实践、信号理论和社会关系的研究，对现有研究的不足进行分析，并解释了本研究与现有研究之间的关系。其次，根据信号理论、社会资本理论，构建了本研究的理论概念模型。经过理论分析并提出各个假设，最后，进行统计分析与验证。本研究方法的特点如下：

①综合运用管理学、统计学等理论对绿色实践对企业社会关系的影响进行研究。在系统研究有关理论的基础上，提出一个整合分析框架及相关研究模型。

②规范分析与实证分析相结合。目前对绿色实践、社会关系文献基本都是理论分析结合数学推导、实证研究的方法，这种研究方法所得结论在解释管理问题时呈现出较强的科学性。本研究将一方面借鉴国内外最新的理论成果，结合中国企业学习的实际，构建理论分析框架提出假设；另一方面深入企业进行调研，通过调查数据对相关假设进行实证检验。

③定性分析与定量分析相结合。一方面对本研究的理论进行深入探讨，基于理论分析构建了概念模型，另一方面采用大规模问卷数据，运用最优尺度回归等方法，按照规范的方法对已建立的假说体系进行统计分析，分析因

素间的相互关系，验证有关理论假设。

1.4.3 本书的结构安排

根据本书的研究思路，本书的研究框架有以下几个方面：

第1章，本章介绍目前中国企业的绿色实践现状，总结绿色实践的必要性和意义等。在此基础上，把针对现实问题的理论研究进行总结，介绍相关理论背景，进而阐明本书的研究问题，说明本书的研究意义。

第2章，总结与本研究相关的理论，为研究提供文献和理论基础。结合本书的研究目的和研究问题，对绿色实践的相关文献、信号理论、企业社会关系及相关研究进行了总结梳理。同时，还分析了几个关键变量在现有研究中的情况，总结了本研究和现有研究之间的关系。

第3章，在对绿色实践、企业社会关系、竞争强度以及恶性竞争等关键变量总结分析的基础上，构建理论模型。在相关理论的基础上，首先分析绿色实践对企业财务绩效的影响，然后分析社会关系在其中所扮演的角色。通过分析绿色实践与企业社会关系的关系，竞争程度和恶性竞争对于上述关系的调节作用，以及社会关系对财务绩效的影响，本研究提出反映概念之间关系的11个理论假设。

第4章，在构建概念模型、提出理论假设的基础上，本章对研究过程中，数据样本的确定、数据的收集检验以及实证研究方法进行介绍。首先，对数据筛选标准、问卷设计、收集和整理过程进行简要叙述。其次，对各个变量的构成以及测量指标进行详细介绍。最后，简要介绍了本书的实证分析方法。

第5章，本章将描述实证检验中对数据的分析结果。首先，对通过调研获取的数据进行整体描述，介绍各个变量的大致分布特征。其次，描述假设检验的模型及结果，进行必要的解释。

第6章，本章主要对验证结果进行讨论，进一步解释有关假说，并深入讨论模型分析结果的含义。对研究结果进行逐个讨论，结合管理实践分析这些研究结果的实践意义。通过对比理论假设以及以往的研究，讨论研究结果的理论意义。

第7章，是本书的结论部分，简要总结了本书的研究结论、创新点以及进一步发展的方向。

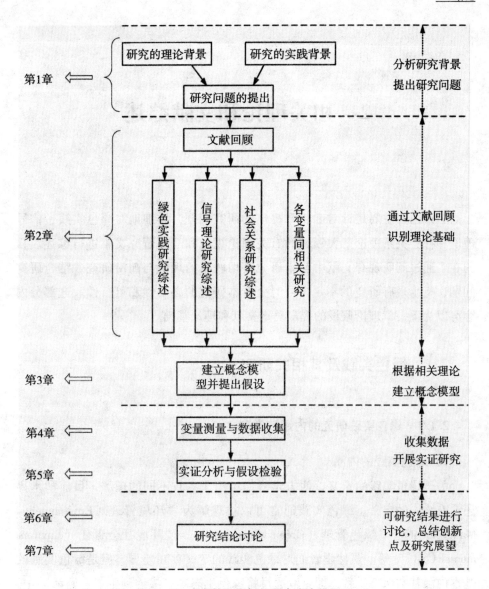

图 1 - 1 本书的研究框架及内容安排图示

2 相关理论和文献综述

本章内容主要是针对上一章提出的研究问题，详细地对绿色实践、信号理论和社会关系理论三大领域的有关理论视角和经典研究文献进行综述。目的在于通过阐明现有文献中与本研究密切联系的理论与前沿研究，结合研究问题，指出现有研究的不足，同时分析本研究的必要性和可行性。这部分内容可以为下一章理论假设的提出奠定文献和理论基础。

2.1 绿色实践及其相关研究

2.1.1 绿色实践研究的内涵和类型

1）绿色实践的内涵

关于绿色实践的定义，西方学者们给出了各自不同的理解，目前学术界还没有统一的定义。绿色实践通常可以被理解为"环境管理（Environmental Management）""绿色管理（Green Management）""环境社会责任（Environmental CSR）"等。虽然学者们对绿色实践的定义存在差异，但是绿色实践的基本内涵基本保持一致，即企业通过将绿色生态理念渗透到生产经营活动中，在其每个环节进行节能、安全、绿色等方面的控制，以达到经济、社会、环境的可持续发展（李茜，2013）。绿色实践是一种管理模型，而绿色实践的时间效果需要依据绿色产品在市场中的表现，以利润的形式来反映。为了深入探讨绿色实践的定义，本研究选择了部分西方研究对绿色实践的定义进行总结。具体如表 2 – 1 所示。

尽管目前西方学者对绿色实践内涵的界定并不一致，但都认为绿色实践是以与企业相关的自然环境为主要对象的资源管理及创新活动，并且还认为企业进行绿色实践的最终目的是实现可持续发展。现有研究中，绿色实践和绿色绩效是两个内容极为接近的概念，同时也在文献中交替出现。绿色实践是企业为了降低自身的生产经营活动对社会和自然环境造成的影响，而从事的技术和管理行为（Cramer，1998）。绿色绩效则是绿色实践的产出结果之一，是指企业行为和产品对自然环境造成的影响（Klassen 和 Whybark，1999）。两个概念一个强调过程，一个强调结果。在本研究中，将统一采用绿色实践的概念。

国内也有学者对绿色实践赋予不同的内涵，且主要侧重强调可持续发展观念和生态管理。丁祖荣等（2008）把绿色实践视为一种管理思维，它将绿色观点渗透到企业管理活动中，在每个管理环节对其进行绿色控制。特别是在提出构建和谐社会后，国内学者更多地从和谐的角度进行思考。例如，有学者认为应该从生态、人态和心态三方面正确认识绿色实践与企业管理的关系，即绿色和谐管理（王雨魂，2006）。他们认为绿色实践与企业经营并不冲突，反而是一种双赢的模式。首先，在外界制度压力下，企业绿色实践可以解决自身社会责任的问题，满足各方利益相关者的要求。其次，绿色实践也是企业内部自身发展的需要，通过绿色技术创新、管理创新等方式，可以降低生产成品消耗，规避污染罚款等风险。因此，在内部资源配置、提升企业声誉等方面，具有重大意义。

表 2-1　绿色实践常见定义

作者	来源	定义
Zsolnai（2002）	International Journal of So-cial Economics	企业采用环境保护主义的概念来从事各种日常经营活动
Montabon、Sroufe 和 Narasimhan（2007）	Journal of Operations Man-agement	企业为了监控其运营活动对自然环境的影响而采取的技术、政策和规程
Gilbert（2007）	Journal of Undergraduate Research	把企业绿色实践经营定义为一种绿色商业行为方式，该行为要么限制负面的生态影响，要么直接在某个方面对自然环境有利
Friend，G.（2009）	The Truth about Green Business	企业绿色实践就是企业的环保和实践行为，包括建工厂时采用有机和自然产品、严格防止排污以及采用环保型原材料

作者	来源	定义
Cooney（2009）	McGraw – Hill	认为实践绿色实践应达到以下四个标准，即：把可持续性原则融入到每一个业务决策中；采用环保产品或服务来取代非绿色产品和服务；与传统竞争相比，更为绿色；承诺在运营过程中会长期坚持环保的原则
Lin and Ho（2011）	Journal of Business Ethics	企业绿色实践就是企业绿色技术创新，包括企业采用节能车辆、太阳能系统、高效照明系统、电子管理设备和高效的空调系统

资料来源：根据国外相关文献整理。

2）绿色实践的分类

在环境保护和产品安全方面，每个企业所采取的方式和途径都不同，因此绿色实践也可以分成不同的类型。通过对现有文献的梳理和总结，企业绿色实践可以根据应对态度和实践层次进行分类。在响应态度方面，大部分研究都借鉴了企业社会责任领域的方式，即把绿色实践分为响应型、防御型、适应型和主动型（Sharma 和 Vredenburg，1998）。较早研究中，Roome（1992）把组织应对绿色问题的态度分成五大类，即不遵守（Non - compliance）、遵守（Compliance）、更遵守（Compliance Plus）、商业与环境表现优秀（Commercial and Environmental Excellence）、居领先优势（Leading Edge）。"不遵守"是指组织采取消极、被动的方式来处理绿色实践问题，把绿色实践作为对企业的压力并选择逃避策略来应对相关制度要求。"遵守"是指组织采取绿色实践，但是该活动是被动的，仍然存在消极应对的成分。"更遵守"相比遵守表现得更为积极，从态度上的大转变。"商业与环境表现优秀"，即组织认识到绿色实践的重要性，并把绿色战略作为公司战略的一部分来对商业和环境进行管理，进而在财务绩效、社会绩效方面获得提升。"居领先优势"是应对态度的最高层次，表明了组织的优秀态度，目的在于获得组织的竞争优势。除此之外，Sharma 和 Vredenburg（1998）简单地把绿色实践分为响应型和前瞻型，即从态度的被动和积极两个方面进行分类。他们通过案例和实证研究认为，组织应该采取前瞻型绿色实践战略，从而应对目前复杂和动荡的外部环境。前瞻型绿色实践由于需要组织具备相应的能力和资源，因此可以被认为是组织获得良好竞争力的来源。

　　另一种分类依据与"态度"不同，主要以 Hart（1995）为代表，他以自然资源基础观（Natural Resource – based View）为基础，把绿色实践分为污染治理（Pollution Prevention）、产品管理（Product Stewardship）和可持续发展（Sustainable Development），并从不同角度对这三种类型进行阐述，深入探讨其对组织竞争优势的作用。Sharma 和 Henriques（2005）则把绿色实践分为污染控制（Pollution Control）、生态效率（Eco – efficiency）、再循环（Recirculation）、生态设计（Eco – design）、生态系统管理（Ecosystem Stewardship）、业务重新定义（Business Redefinition）六种类型。此外，Murille – Luna 等（2008）也把绿色实践分为被动响应（Passive Response）、关注规制响应（Attention to Legislation Response）、关注利益相关者响应（Attention to Stakeholders' Response）、全面环境质量响应（Total Environmental Quality Response）四类。学者们关于绿色实践的不同分类，给我们提供了不同的视角和思路，扩展了绿色实践的研究内容，深化了绿色实践的内涵。关于分类的详细情况如表 2 – 2 所示。

表 2 – 2　绿色实践的分类

分类依据	分类的文献来源	具体分类
对绿色实践的态度	Roome（1992）	不遵守、遵守、更遵守、商业与环境表现优秀、居领先优势
	Sharma 和 Vredenburg（1998）	反应型、前瞻型
	Henriques 和 Sadorsky（1999）	反应型、防御型、适应型、前瞻型
绿色实践的层次	Hart（1995）；Buysse 和 Verbeke（2003）	污染治理、产品管理、可持续发展
	Sharma 和 Henriques（2005）	污染控制、生态效率、再循环、生态设计、生态系统管理、业务重新定义
	Murille – Luna、Gars – Ayerbe 和 Rivera – Torres（2008）	被动响应、关注规制响应、关注利益相关者响应、全面环境质量响应

资料来源：李茜（2013）。

　　国内也有相关学者对绿色实践进行分类，其基本类型与西方学者保持一致。例如，有的学者基于企业社会责任的相关研究，将绿色实践分为三种类型，即自律、守法和自制（韩军辉，2006）。有的学者将绿色实践视为战略选择，并分为主动型和被动型两种（孙宝连和吴宗杰，2010）。总的来说，国内学者大多沿用西方绿色实践的理论思想进行分类，尚未体现出我国本土特色。

2.1.2 绿色实践的研究视角

当前的绿色实践研究从不同视角构建了企业环境管理或绿色实践的理论框架，试图从全新的视角来构建绿色实践的理论模型，从而为实证研究创造条件并为企业绿色实践提供指导。

1）自然资源基础观

资源基础理论（Resource – based Theory）源于 Penrose（1959）对企业成长前因的讨论，此后，RBT 成为了战略管理领域的核心理论观点（Barney，1991）。资源基础理论的核心理念就是关注那些可以获得竞争优势的公司内部因素，即资源基础理论认为竞争优势来源于企业内部所拥有的独特资源。企业资源是指公司所拥有的，包括物质、金融资产、雇员技能和组织社交过程等内容。资源基础理论强调，为了提供获得竞争优势的机会，资源必须是有价值的、稀缺的、不可模仿的以及难以替代的特殊资源（Barney，1991）。以往的研究都是集中在行业或者战略组的层面，而资源基础理论的出现则把公司层面、行业和战略组层面的战略研究进行了剥离（Barney，1996）。资源基础理论把战略研究的思路从公司外部环境转移到公司自身的内部因素，更多地强调公司决策和能力（Hoskisson、Hitt、Wan 和 Yiu，1999）。已有学者通过资源基础理论来研究企业绿色实践的价值。Russo 和 Fouts（1997）指出，绿色实践是对组织内特殊能力和资源的运用，目的是提高绿色绩效，绿色实践是企业获得竞争优势并提高财务绩效的有效方式。Aragn – Correa 和 Sharma（2003）认为，企业绿色实践的必要条件是自身的能力和资源，拥有冗余资源的企业更倾向于从事绿色实践活动，但是该作用也会被其他情境因素所影响。虽然资源基础理论在绿色实践研究中发挥了重要作用，并认为企业的特殊资源是企业获得竞争力的源泉。但是，该部分研究却未注意到自然环境对企业竞争力的影响。

因此，Hart 等学者开始对资源基础理论进行延伸。Hart（1995）指出了目前资源基础理论只强调了企业资源对企业竞争力的影响，却未考虑过自然环境对组织的影响。于是，他在资源基础理论的基础上定义了自然资源基础观（Natural Resource Based View），该研究在后续的研究中被大量采纳。自然资源基础观基于传统的资源观，把自然环境这一重要因素加入到绿色实践的研究中，从而成为组织竞争力的新来源。Hart 的自然资源基础观认为，企业绿色实践也是组织形成竞争力的来源，绿色实践应包括防治环境污染、产品监控以及可持续发展。前两个部分目的就是保证企业的日常生产经营过程中控制污染，节能减排等。第三部分可持续发展是最高要求，即极大程度降低资源消耗，消除绿色实践对企业的负担，同时为组织建立竞争优势。该三部分缺一不可、循序渐进，直至企业最终达到可持续发展的目的。值得注意的是，该三部分的实践仍然需要企业投入大量资源。总体而言，Hart 的自然资源基础观重点强调了自然环境对企业的重要意义，企业通过对自然环境的合理利用与配合，可以促进绿色绩效，进而获得竞争优势、提高企业绩效。

2）生态响应观

生态响应观从生态学的视角分析了企业与外部环境的互动。认为企业也是重要的生态学组织体，因此在企业生产经营中需要与自然环境产生互动，共同演化。生态响应观还认为，企业绿色实践从生态角度可以认为是传递了绿色生态信号。现有文献中，部分研究通过生态学理论对企业绿色实践问题进行探讨。Starik 和 Rands（1995）基于生态学视角，构建了多系统关系网络的组织发展模型，从多个角度和层次分析了组织的可持续发展问题。该模型认为组织和自然环境之间存在着复杂的互动关系，并从政治、经济、文化等多个角度对二者的关系进行探索。Starik 和 Rands（1995）的模型认为企业的生态行为可以对企业的可持续发展产生显著影响。Bansal 和 Roth（2000）研究了组织生态响应的前因因素，例如，组织凝聚力（Organizational Cohesion）、环境严重程度等。分析了这些因素对组织生态响应的驱动效果。Bansal 和 Roth（2000）认为企业绿色实践就是对自然环境问题的回馈，即生态响应。而这种生态响应会由领导力、合法性、利益相关者等因素驱动。生态响应观重点强调了企业绿色实践的驱动因素及相关的权变影响。利益相关者理论延伸了生态响应观的内容，并认为制度、领导价值观等绿色实践的驱动力的本质仍然是利益相关者的利益问题。例如，非绿色型企业造成的直接后果就是环境污染，而其他企业、单位、个人都将受到影响。而进行绿色实践的动机则是双方之间存在利益问题。

3）制度视角

除了从自然资源和生态学的视角进行研究外，还有研究从制度理论的视角探索了企业绿色实践的制度驱动因素。Jennings 和 Zandbergen（1995）认为，制度因素（法规、规范以及认知）对企业从事绿色实践活动产生重要影响，并对现有研究提供了有力的理论支持。他们认为企业为了适应目前的制度环境，不得不通过投入资源进行绿色实践，从而获得竞争优势和可持续发展的前景。

4）人力资源视角

除了上述三种研究视角，还有学者将绿色实践与人力资源相结合。例如，Turban 和 Greening（1997）研究了绿色实践对人力资源中人才招聘的影响，他们的招聘模型强调了绿色企业对应聘人员的吸引力，从而促进招聘工作的进行。Daily 和 Huang（2001）通过整合绿色实践与人力资源，研究了环境管理系统对人力资源的影响。研究认为，人力资源的环保培训、团队精神、高层支持等因素，是保证企业从事绿色实践的基本条件。

5）动态能力视角

Aragn – Correa 和 Sharma（2003）在自然资源基础观的基础上，结合了动态能力视角，构建了企业绿色实践的理论框架。他们强调企业应当积极响应绿色实践，并把企业绿色实践作为一种动态能力，而该能力一方面需要企业提供相应的资源进行支持，另一方面也可以帮助企业应对动荡的外部环境和日益恶化的自然环境，从而获得竞争能力，提高绩效。在该研究中，Aragn – Correa 和 Sharma（2003）还探索了环境不确定性对绿色实践影响竞争优势的调节影响，进一步拓展了现有的研究内容。

2.1.3 绿色实践研究的理论框架

1）绿色实践影响因素研究

目前关于绿色实践的研究，学者们针对不同的研究问题构建了较为全面的理论框架。同时，大量学者通过实证研究对理论进行了检验。在绿色实践理论框架中，绿色实践的前因是学者们重点关注的问题之一，即企业从事绿色实践活动的驱动因素是什么。

Bansal 和 Roth（2000）根据日本、英国两地多家企业的问卷数据，重点关注了绿色实践前因变量中，竞争性、合法性以及生态责任心的重要作用。该研究发现，竞争性、合法性以及生态责任心可以促进企业参与绿色实践活动，促进其积极地进行生态响应。Hoffman（1999）以美国企业为样本，研究发现企业内部制度具有复杂性与多样性等特点。而内部多种制度之间的相互作用、关联，可以对企业绿色实践产生影响。Aragon–Correa（1998）同样以西方国家企业为样本，探索了战略先动性对企业绿色实践的影响。研究结果表明，企业战略先动性与绿色绩效之间存在显著的正相关关系。Sharma（2000）根据对管理解读（Managerial Interpretations）的理解，构建了企业绿色实践前因变量的研究框架，分析了管理解读对绿色实践的影响。管理解读也就是管理者对企业所面临外部环境的认识和判断，而管理者的这种独特解读会通过管理决策影响企业绿色实践。例如，他把绿色实践战略分为自愿型、服从型两类。管理者依据企业所处的不同环境，从而选择不同的绿色实践战略。因此，不管采取上述哪个战略，都是管理者解读下的结果，是适应当下企业发展的战略。除此之外，Sharma（2000）的研究还发现，企业规模和经营范围也是绿色实践的重要前因变量。

综上所述，现有关于绿色实践前因变量的研究主要集中在企业内部和外部两部分。企业内部的因素包括生态责任心、管理解读、内部制度等，而企业外部环境因素包括相应的制度、文化、合法性等。尽管现有研究已经从不同角度、不同层面尝试探索绿色实践的前因，同时也有相关研究强调制度环境的作用，但是目前关于运营水平的影响因素还较为缺乏。此外，目前关于前因的研究仍然通过制度理论、资源基础观等角度进行解释，缺乏新的理论支持，因此在这方面的研究仍然值得进一步探索。

2）绿色实践产出研究

有关绿色实践的研究中，一个重要的话题就是为什么要进行绿色实践以及绿色实践的影响结果如何。管理者在进行决策时，不仅要保证企业创造可持续的经济效益，而且要考虑到绿色实践的道德价值和社会价值。事实上，在目前的竞争环境下，绿色实践已成为一个战略问题。一些学者认为绿色实践是能够帮助企业提高竞争力的一种工具（Ambec 和 Lanoie，2012）。大量学者通过实证研究检验了绿色实践和企业绩效之间的关系，但是结果却不一致。有的研究发现绿色实践正向影响企业绩效（King 和 Lenox，2002），而也有研究并没有发现存在显著的正相关关系。

从理论上来看，Friedman 的经典经济学观点认为，企业的社会责任就是给股东创造财富，而企业从事绿色实践等行为则会对股东的利益造成影响。Wallich 和 McGowan（1970）试图调和社会利益和经济利益之间的关系，但是并没有表明企业社会责任会对股东有何利益。因此，企业是否该履行社会责任仍然存在争议。那么，组织通过传递其"环保战略"信号，究竟可以获得哪些价值？这个问题缺乏探索的原因来源于经济学的思考，即只有在边际收益等于边际成本的时候，组织才应该在环保方面进行投资。具体而言，超过当前环境管制要求的环保投资会影响组织的经济绩效并且限制其财务风险（Friedman，2007）。直至 1995 年，利益相关者理论（Stakeholder Theory）认为对于企业而言，不仅要满足股东的利益，还需要满足其他利益相关者的利益，例如雇员、消费者以及政府等（Lee，2008）。学者普遍认为，从事绿色实践等活动不仅会促进企业的社会绩效，而且会提高其财务绩效。企业通过降低排污的行为，可以节约控制成本、降低能量损耗，并通过循环利用原材料来降低生产成本（Starik 和 Marcus，2000）。

①负向影响。

持反对观点的传统学者认为，绿色实践对企业绩效是有负向影响。从事绿色实践活动需要相关资源，且大量管理活动脱离企业的核心经营活动，因此将会导致企业利润的下降。因为企业遵守环境规制需要成本，从而其降低竞争力。此外，这种传统的观点回应了"波特假设"，环境保护和竞争力的提升类似于"鱼和熊掌，不可兼得"（Hull 和 Rothenberg，2008；Klassen 和 Whybark，1999）。Husted 和 Allen（2006）对新兴经济体的研究发现，企业从事绿色实践等社会责任活动，并不能促进其竞争优势。

②正向影响。

传统的观点认为绿色实践会对企业的竞争力产生负面作用，而波特的"双赢假设"首次对传统的绿色实践负面论提出了挑战。波特认为通过企业环境管理产生的利益将会大于其成本，且更严格的环境监管标准会促进创新（Porter，1991）。之后，Porter 和 Van der Linde（1995）坚持"创新补偿说"，认为环境管理会促进企业创新，且创新产生的利益将大于成本。他们把环境创新分为两类：第一类是被动绿色创新，即在生产过后，降低污染的成本；第二类是主动绿色创新，即提高资源的生产率，目的是要在第一阶段就避免环境的污染。波特的上述两篇文献极大地引发了学者们对环境管理该话题的兴趣，并促进了环境管理在实践中的发展。

其他大量学者也探讨了主动绿色实践的优势。Berry 和 Rondinelli（1998）一直强调主动绿色实践和内部环境战略对提升企业绩效的重要性。他们通过整理以往的研究，提出了一些概念模型，并认为环境绩效和企业绩效之间存在多种作用机制。他们认为，以从事绿色活动为例，那些"环保主动型"企业比被动型企业成本更低。主动环保战略，增加了对绿色产品和过程的需求。同时，企业自愿加入国际标准等，这些都会促进新商机的诞生。Hanna 和 Newman（1995）认为绿色实践促进了消费者对"环境友好型"产品和服务的需求，进而提高企业绩效。他们同时认为降低污染排放是降低成本的一种方式。通过实施主动环境战略，企业可以消除生产过程中的有害产出，重新设计现有的产品系统来降低生命周期成本，用更低的生命周期成本来研发新产品（Hart，1995）。降低污染同样还会增加那些对环境敏感的消费者的需求，因为这些"绿色"消费者更欣赏具有生态特征的产品（Elkington，1994）。此外，倡导环保的企业还可以获得一个很高的生态声誉（Miles 和 Covin，2000）。企业采取积极的环保战略可以获得更高的商品售价和增加销售额，因为其市场合法性得到加强，其社会认可度也得到了提高。这种社会认可，可以允许环保型企业把其绿色实践过程作为产品销售的一个卖点，将其产品和竞争对手的产品进行区分（Rivera，2002）。

Florida（1996）首先通过实证研究探讨了绿色实践对绩效的影响。通过问卷调查的方法，他研究了先进制造、生产力和环境绩效的关系。他的研究发现制造过程的提升和生产力的提升给企业环境绩效的提升创造了重大的机遇。Klassen 和 McLaughlin（1996）采用档案数据，通过更严格的实证研究方法检验了环境管理实践和企业绩效之间的关系，并发现了显著的正相关关系。他们使用一例事件，研究了第三方公布环保奖对企业股票市场回报的影响。他们采用两类机制来解释环境管理实践和企业绩效之间的关系。第一类是"市场收益"，包括市场份额、规模经济、认证和更高的利润率等；第二类是"成本节约"，包括更低的成本结构，采用绿色实践可以避免环境罚款和责任、降低能量和材料的消耗从而提高生产力。Christmann（2000）以工业企业为研究对象，研究了绿色实践对企业成本方面的影响。结论表明，绿色实践企业的绿色技术水平、创新能力与企业的成本优势正相关，即绿色技术创新能力越强，企业的成本越低。研究结论还发现，在绿色实践时间点方面，企业绿色实践实施越早，收益也越多。

基于资源基础观，Russo 和 Fouts（1997）根据 243 家企业的数据分析了环境绩效和企业绩效的关系。他们认为这个关系收到了行业增长的调节影响。

他们认为环境绩效可以提高企业竞争优势，从而促进企业经济利益。研究结果认为企业值得为绿色实践给予付出，同时这种正向关系会随着行业增长而增强。Klassen 和 Whybark（1999）根据从事绿色实践的时间点和态度，把绿色实践技术分为预防和控制两类，并把企业绩效分为生产绩效和绿色绩效两类。研究表明预防技术可以促进企业生产绩效和绿色绩效，但是控制技术却无法提高企业两类绩效。他们的研究支持了之前的研究结论，同时还拓展了绿色实践的研究框架。Klassen 和 Whybark（1999）探索了环境技术组合和制造绩效的关系。该研究中，环境管理实践主要侧重于制造技术和运营绩效的测量。他们发现，增加对主动污染控制技术的分配，可以提高制造效率。而增加对被动污染控制分配，如末端治理，可以降低制造绩效。

绿色实践还可以改善与利益相关者的关系，并避免可能的冲突（Hull 和 Rothenberg，2008）。大量企业社会责任领域的文献认为，在中国，企业社会责任活动作为政治战略来管理企业和政府之间的关系，降低政治风险和政府影响的不确定性（Marquis 和 Qian，2013；Su 和 He，2010；Tang 和 Tang，2012；Wang 和 Qian，2011）。其基本观点认为公司为了生存和发展，需要依赖政府的政治资源（Hillman，2005；Pfeffer 和 Salancik，1978）。在中国背景下，政府拥有强大的权力，且正式制度不够完善（Peng 和 Heath，1996）。企业从事社会责任活动可以帮助企业获得政治合法性，与政府建立良好的关系，从而获取重要资源（Marquis 和 Qian，2013；Su 和 He，2010）。此外，还可以减轻政府的负担，特别当政府没有足够资源来提高公众福利的时候（Dickson，2003）。同时，企业从事社会责任活动可以传递给政府一个信号，即具有企业公民的身份，因此，可以不需要被征收管制的那部分成本（Adams 和 Hard-wick，1998）。政府鼓励企业从事社会责任活动，而那些配合的公司就可以获得政治合法性并和政府建立非正式关系，同时降低政治不确定性（Marquis 和 Qian，2013；Wang 和 Qian，2011）。与关键利益相关者之间关系的有效管理，可以创造、发展或者维持彼此之间关系，而这种关系可以给企业带来重要的资源，从而提高财务绩效（Jones，1995；Brammer 和 Millington，2008）。

根据上述总结，目前绿色实践的结果产出主要集中在企业财务绩效、竞争优势等方面。理论基础方面，也主要采用利益相关者理论、自然资源基础观、交易成本理论等。不同的理论基础，导致了现有"绿色实践——财务绩效"的研究结论不一致，但大多数结论仍然支持正向影响说。

3）绿色实践情境因素研究

现有绿色实践研究中，涉及到的情境变量可以分为企业内部因素和外部环境因素两部分。企业内部因素包括了内部资源、内部特征等，外部因素包括了市场环境、产业特征等。整体而言，目前大多数情境研究集中在内部和部分外部因素中，特别是在涉及到制度因素、市场和经济环境等宏观层面的调节变量时，还缺乏足够的实证研究支持。

在企业内部因素方面，组织能力作为企业内部特征受到关注。组织能力是企业的特殊资产，与其他资产形成互补作用。Christmann（2000）在研究绿色实践对企业财务成本的影响时，认为组织能力正向调节了上述影响关系。具体而言，企业生产过程中创新能力和执行力越高，企业就可以从绿色实践中获得更多的财务优势。该研究通过引入组织能力，将互补性理论和绿色实践相结合，拓展了绿色实践的研究框架。Theyel（2000）认为企业的自身特征在"绿色实践——竞争优势"框架下可以产生调节效应，例如，企业规模、企业所有权和所处行业等。Theyel（2000）研究发现，企业规模负向调节"绿色实践——竞争优势"的关系，即随着公司规模增大，企业在绿色实践方面缺乏动力，在绿色技术创新等方面的投入降低，从而影响企业获得竞争优势。对于行业而言，越成熟行业中的企业越乐于从事绿色实践，通过节能减排等方式，促进绿色绩效，获得竞争优势。

在企业外部因素方面，Russo 和 Fouts（1997）研究了行业成长速度对"绿色实践——竞争优势"框架的调节影响。研究认为，企业所处的行业成长速度正向调节上述主效应关系，即行业成长速度作为权变因素，可以促进绿色实践价值的体现。现有研究中，涉及行业因素的情境变量仅涉及行业成长速度，在竞争强度、制度环境等方面的研究还较少。Aragn - Correa 和 Sharma（2003）的研究中，既涉及了组织内部的情境因素，也涉及了外部情境。认为组织内部资源是绿色实践的前因而非调节因素。他们在研究中，基于自然基础观，重点考虑到了环境不确定、市场包容性、市场复杂性等变量对"绿色实践——竞争优势"的调节影响。市场不确定，导致企业对市场未知产生顾虑。因此，市场不确定可以促进企业积极从事绿色实践，以获得竞争优势。同理，环境包容性也会促进企业绿色实践的价值体现。Aragn - Correa 和 Sharma（2003）的研究将企业内外部情境因素纳入研究框架中，丰富了绿色实践的研究。

虽然现有研究已经考虑到了组织内部和外部两类情境因素的调节作用，但是目前而言，有关情境因素的研究仍然较为缺乏。除此之外，现有研究还很少涉及到制度和市场特征等情境影响。

4）现有研究小结

基于上述研究梳理和分析，本研究对现有绿色实践文献的研究进展情况进行总结。在理论框架方面，主要涉及了自然基础观、生态学、人力资源、制度理论等。不同领域的学者通过不同的理论基础，分析了绿色实践的概念模型，构建了现有的理论研究。在实证研究方面，现有研究主要从绿色实践的前因、结果以及相应的情境调节考虑，重点解决企业为何要绿色实践，以及企业绿色实践的价值如何等问题。目前的实证研究虽然在框架方面已经较为成熟，但是相关理论仍然不足，理论视角也较为单一。总体来看，目前关于绿色实践影响财务绩效的关系研究，由于面临不同理论基础、不同数据来源等问题，导致目前研究结论不一致。值得注意的是，目前的实证研究大多是以西方国家为研究背景，样本均来自国外。因此，国内实证研究还存在一定的空白如图2-1所示。

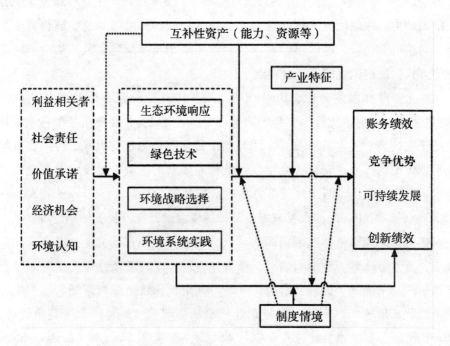

图2-1 绿色实践研究分析框架

资料来源：沈灏，魏泽龙，苏中锋（2010）。

图 2 - 1 对现有研究进行了总结。图中实线部分表示现有研究已经涉及相关变量,而虚线表示尚未涉及或者研究不足的变量。绿色实践的前因、结果研究相对较多,但是在情境因素和中介机制方面尚存不足,缺乏进一步研究。例如,部分学者关注绿色实践对企业竞争优势的影响,却对中间的影响机制关注不够,其内部作用机理尚未揭示。

2.2　信号传递理论及其相关研究

信号传递理论(Signaling Theory)最早可以追溯到 1973 年,Spence 和其他学者在信息不对称和"逆向选择"方面所做的贡献。Spence 的经典招聘模型认为,公司人力资源专员在招聘时,由于双方信息不对称,无法有效地判断求职者的实际生产能力,从而导致入职后的不公平待遇。但是对于求职者来说,他们可以把教育背景等不可见的生产力特征作为有价值的信号,主动传递给招聘者,把自己和其他低生产能力的员工进行区分,进而获得较为公平的待遇。信号传递理论可以促进双方信息的交换,避免在招聘过程中出现收入不公平的现象。简言之,信号传递理论是解决信息不对称的有力工具。该理论在 21 世纪得到快速发展,并推动了整个信息经济学的发展。

除了 Spence 的经典招聘模型外,信息不对称的问题同样存在于其他日常管理活动中。例如,消费者和生产者关于产品信息的不对称,企业和竞争者之间的信息不对称,投资者和被投资企业之间的信息不对称等问题。随着经济学家对信息不对称研究的推进,信号传递理论作为理论基础,逐渐受到管理学者的关注,并为研究管理问题提供了新的视角。近五年来,有关信号传递理论的研究呈直线上升趋势,特别是顶级管理学期刊都涉及了该理论。越来越多的管理学研究都采用信号传递理论作为理论基础来探索管理问题。

本节对现有信号理论的研究进行总结、对理论发展脉络进行梳理,整理现有研究中存在的不足,从而为论文提供理论基础和研究意义。

2.2.1　信息不对称

信息不对称(Information Asymmetry)是指在市场经济活动中,双方或多方拥有不同的信息,造成信息的不对称。拥有较多信息的人或者组织在交往过程中,往往处于有利地位。传统经济理论大多都是在信息完全的假设下提出决策过程的经济模型，即假定每个人都根据同样的信息来进行决策。但这类假设并未考虑到信息不对称的问题。虽然当时经济学家都明白信息不对称可能会产生相应的影响，但是他们仍然假设信息完全的市场与信息略不完全的市场，其行为结果是一致的。在这种逃避态度下，当时仍然有部分学者坚持认为市场的信息不完全会对决策过程和结果产生影响。随着信息经济学的不断推进，信息不对称性的问题逐渐地揭露了传统经济模型的局限性，并给经济学家提供了研究方向。

·   例如，George Akerlof（1970）认为信息不对称会导致"逆向选择"（Adverse Selection）的问题。他以二手汽车市场为例，阐述了由于信息不对称，导致了次品车销量大于好车，类似于劣币驱逐良币现象。同样，Stiglitz（2002）也坚持认为在一定的情境下，信息的情况会影响到公司内外部决策的制定。他否定了早期信息完全的假定，认为实际情况中信息往往是不完全的。基于这样的假设，大量研究开始关注信息不对称这一背景假设。例如，在交易过程中，买卖双方对于产品质量的信息不对称；管理者和投资方对于公司长期前景信息的不对称等。目前为止，信息不对称已受到学者广泛关注，并极大地推动了信号传递理论的发展。

2.2.2   信号与信号理论内涵

1）信号内容和分类

信号传递理论的核心是信号，要了解信号传递理论，首先需要了解什么是信号。信号是运载消息的工具，是消息的载体。经济管理研究中的信号与电子等研究中的信号含义不同，前者主要包括产品、价格、品牌等与生产经营相关的信息，而后者主要涉及光信号、声信号和电信号等物理学信息。在经济学、社会学领域，学者们主要把信号传递理论用于解决信息不对称性以及信息获取过程中的成本问题。最经典的 Spence（1973）的信号传递理论模型，就提出了教育背景作为信号职能降低信息获取的成本。因为在劳动力市场中，招聘者缺乏高质量求职者有关的信息，所以求职者就可以把其受教育程度作为信号，传递给招聘者，从而避免信息的不对称。教育背景就是一种可信的信号，因为低质量的求职者无法在短期内提供高质量教育背景这一信息。这里强调的一点就是信号传递者的"特性（Quality）"，即外界在观察信号时，信号传递者所具备的潜在的、不可见的能力。例如，在 Spence 的经典模型中，求职者的教育背景就是其特性。特性很大程度上是社会构建，且来源于信号传递者身上不可见的一种能力。需要注意的是，招聘模型与人力资本理论存在本质差异，因为招聘模型并未考虑教育背景对生产力的影响，而是把教育背景当作求职者一种不可观测的特征，与他人进行沟通的信号。产品价格这一信号传递给消费者关于组织生产成本和产品质量的信息。高价格的产品，往往意味着复杂的生产工艺、高质量的原材料、昂贵的生产成本或者较高的产品质量。然而价格并非时常是一个有效的信号，它仅仅是消费者可以接受到的一类现成信息。同样，产品质量保证和保修同样传递出产品质量的信号，企业声誉也可以通过产品品牌进行传递。高质量的产品往往带有产品保修和品牌名称。这种信号工具可以帮助消费者显著降低购买决策时的风险。

与上述信号类似的，绿色实践领域的信号可以分为棕色信号和绿色信号两类。

棕色信号是公司的非自愿环境行为，其向公众传递出污染环境的信号。这些污染公司并非是自愿发射棕色信号，而是由监管部门、媒体、非营利组织根据公司的环境危机而传递的信息。这些被动的信号传递了这些公司无力控制环境污染的信号。棕色信号往往来源于有毒化学品的排放、石油泄漏、有毒物质的排放（包括有意和无意的）。当这些危机发生的时候，监管机构、媒体和环保群体常会从相关渠道获得污染信息并把棕色信号迅速传递出去。鉴于此，传递棕色信号和接受该信号的交易成本就很低。棕色信号的例子很多。例如，美国联合碳化物公司在印度中央邦的博帕尔市的杀虫剂工厂，1984 年的事故中，向空气中泄漏了 40 吨液态剧毒性异氰酸甲酯。该事故导致了 5000 人死亡，100000 到 200000 人伤残。即使事故发生 10 年之后，仍然有 50000 人忍受残疾的痛苦。毫无疑问，该事故是非自愿棕色信号的一个极端严重例子，它同样说明由于组织关于环境管理的不善，导致的潜在危害。虽然传递棕色信号的交易成本较低，但是对于企业和社会而言，棕色信号传递后的补救成本则相当高。除了收到投诉涉及的诉讼费等，传递棕色信号的组织可能需要面临相应的惩罚费用。更严重的，组织的管理者还会面临牢狱之灾。

环境保护信号，或者称为"绿色信号"，是组织把其绿色实践行为这一信息传递给外界组织的桥梁。绿色信号可以有效地帮助监管机构、公众和竞争者来对该企业的环保战略进行评估。绿色信号是传递给外界的，关于组织自愿、主动进行绿色实践的信息。这种自愿的行为包括很多方面，从防治污染到栖息地的保留，从减少对不可持续原材料和石油的使用到增加对环保技术的利用。

2）信号传递过程

从信号传递理论的结构来看，其主要涉及三个要素，即信号传递者、信号和信号接收者。首先，由信号传递者把信号传递出去。信号传递者主要包括独享个体、产品或者拥有组织信息的内部人员，例如，企业高管或者管理者。信号传递者拥有的信息既有积极的也有负面的，而信号接收者需要根据自身需求筛选有用的信息。其次，信号的内容包括组织内部的重要信息，如产品细节、服务内容、销售情况等。这些关于个人、产品或者组织潜在特性的信息，作为内部人士向外部传递的信号，在组织活动中起着重要作用。第三阶段就是信号接收者在接收到信号后，筛选、观察和解释该信号。在对信号进行处理后，进行相关决策。最后，由信号接收者根据信号利用情况，把信号反馈给信号传递者。信号传递具体时间轴如图 2-2 所示。

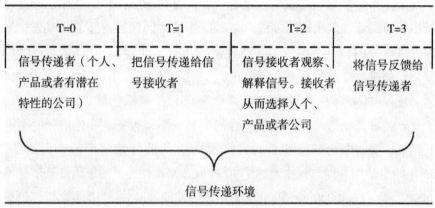

注：T代表时间

图 2-2　信号传递时间轴

资料来源：Connelly、Certo、Ireland 和 Reutzel（2011）。

当然，在信号传递过程中，信号传递环境也至关重要，因为环境可以调节信号传递对信息不对称的影响程度。当然，该环境既可以指组织内部也可以是组织之间。一旦传播的媒介降低了信号的可见度，该环境就会发生扭曲。Branzei 等（2004）描述了外部参照物，例如其他信号接收者，如何改变信号传递者和接受者之间的关系。此外，文化、制度等其他传递环境也会对传递过程产生影响。特别地，从理论情境化的角度，外部因素也会影响信号传递理论在不同情境下的作用。

总体而言，通过传递、接受和反馈这套循环系统，信号传递过程目前已发展成一套成熟完整的体系。该理论在解决信息不对称方面，起着至关重要的作用。

2.2.3　信号传递理论在管理学研究中的应用

信号传递理论吸引了大量管理学者来研究信息不对称对组织行为和绩效的影响，包括战略管理、企业社会责任、组织管理和人力资源管理等诸多领域。信号传递理论的目的是处理双方信息不对称的问题，对象既指人与组织之间，也可以指组织与组织之间。因此，本书通过文献梳理，根据涉及信息不对称的双方身份，对目前管理学领域主流的信号传递理论研究进行分类。

1) 企业与企业间的信息不对称性

第一类研究是关于企业之间的信息不对称问题。现有研究主要集中在战略选择、企业社会责任等方面，而在战略方面主要是讨论投资、收购等内容。例如，企业在进行合资或者收购的决策时，由于信息不对称，往往对其选择策略产生影响。特别是当收购方和目标企业处于不同行业时，信息不对称的情况会更加严重。在金融投资方面，收购方更倾向于收购那些由著名投资银行投资的公司，因为从投资方这一信号中可以知道目标公司背景和财务实力等信息。获得风险投资的支持是企业发展的有力保障，而投资这类公司，其投资收益回报情况将较为稳定。信号传递理论认为，新上市公司 IPO（首次公开募股，Initial Public Offering）的内容特征，包括投资方信息，作为新上市公司传递的信号，可以帮助收购方更好地进行选择（Reuer 和 Ragozzino，2012）。同时，这类信号还可以帮助有合资意向的企业选择细分市场，并进行投资。

在这类研究中，信号传递的内容还可以是社会关系，例如在企业进行收购时，存在信息不对称的问题，但是目标企业与著名投资银行、风险资本家和联盟伙伴等其他组织的关系可以视为一种信号，这种特定信号可以降低收购方的报价折扣，最终帮助卖方企业增加收益（Reuer、Tong 和 Wu，2012）。此外，企业的市场行动也可以作为信号，Basdeo（2006）等人基于信号传递理论，研究了公司声誉和市场行动、行业竞争者行动之间的关系。他们把市场行动作为信号，传递关于潜在竞争力的信息。研究结果发现公司声誉会受到自身行为和竞争对手行为的影响。在商业道德研究领域，企业社会责任实践同样可被视为传递的信号，在向外界传递之后，可以提高企业声誉，从而提高竞争优势。Dögl 和 Holtbrügge（2014）根据 215 家中国、德国、印度和美国的企业样本，研究发现绿色战略和文化、绿色技术和产品、绿色招聘和评估、绿色沟通会对环境声誉产生积极影响。

在组织管理领域，学者大多把高管团队或 CEO 的特性作为信号，来解决组织和外界信息不对称问题。董事会、高管团队的多样性组成，性别构成等情况，都是表明企业重视女性或少数民族的信号。这样的信号有助于外界正确评价该企业，帮助企业获得竞争优势。此外，还可以把 CEO 的社会背景、教育背景作为其身份认证的信号来解决信息不对称的问题。CEO 的股权和外部董事背景，可以影响 CEO 的身份认证，同时获得异常报酬。国内研究中，冯慧群和马连福（2013）基于信号传递理论和代理理论，以 2008—2011 年之间我国上市公司为样本，研究了董事会特征对现金股利分配的影响。

2）企业与投资者间的信息不对称性

第二类研究主要涉及投资者与企业之间的信息不对称问题。投资者掌握的信息将决定其投资决策，但是由于信息不对称，企业需要给投资者传递正面积极信号，投资者才可以从企业传递的信号来判断企业的发展前景，分析投资收益回报等。例如，企业更换名称、企业内部交易等各种行为信息都会对外部投资者决策产生影响。目前研究中，金融领域的学者更多关注管理者和投资者之间的信息不对称对公司投资受限的影响。在资本市场，投资者都具有风险厌恶的特征，他们更偏好投资那些现金股利分配较多的企业。Bhattacharya（1979）认为公司内部管理人员和外部投资者之间存在信息不对称问题，而现金股利就可以作为信号在两者间进行传递。投资者在接受到信号后，可以根据现金股利的发放情况来评估公司未来发展情况，从而进行投资决策。国内学者魏志华，吴育辉和李常青（2012）也通过研究发现外部投资者把现金股利视为上市公司向其传递的信号，从而更倾向于投资派现公司。Zhang 和 Wiersema（2009）研究认为 CEO 的特质可以作为信号，传递给投资方，提高 CEO 认证的可信度，进一步还会影响股票市场的情况。

类似的，还有部分学者侧重研究股利发放的信号角色。公司内部管理者拥有未来现金流、投资机会和盈利能力等公司内部信息，股利政策就是管理者向外部传递的一种信号。信号传递理论认为，在信息不对称的情况下，公司通常可以把股利宣告、利润宣告和融资宣告三种信号传递给外界（包括投资者），而股利宣告作为最为可信的信号模式可以减少逆向选择，有效地控制上市公司内外部人员信息不对称的问题。那些信息不对称程度较高的企业更偏好把股利作为信号传递给市场。国内学者王静、张天西和郝东洋（2014）基于信号传递理论，以2005—2010年沪深两市的A股上市公司为样本，研究了现金股利分配对盈余质量的影响关系，验证了在中国制度情境下，上市公司现金股利政策对公司盈余质量的反应情况。

　　3）企业与顾客间的信息不对称性

　　信号理论在市场营销领域也有较广的应用，Hult（2011）在总结市场营销研究31个组织理论基础时，就强调了信号理论的作用。市场营销领域主要关注的是在自由市场中，公司如何把市场、产品、服务等信息传递给消费者，观察其传递效果。由于信息不对称问题，消费者很难知道公司及其产品的相关信息，因此就导致购买意图模糊。在这种情况下，部分企业会不惜成本，把公司和产品的信息主动传递给消费者。虽然这种信息传递导致了成本的增加，但服务类企业可以凭借其公司声誉，通过扩展公司业务等其他方式来降低这些成本并获得竞争优势。例如，新产品预先发布就是一种信号传递的过程。公司把新产品特征作为信号传递给消费者、股东、经销商和同行业竞争者，解决了信息不对称的问题。而信号接收者在接收到信号后，会对信号内容进行解读和判断，然后进行购买决策。但是，信号接收者的最终反应还会受到传递者特征、产品特征和自身特征三方面的影响。传递者特征主要指信号传递信誉（Signaling Reputation），因为良好的传递信誉可以提高信号可信度，帮助接收者更好、更快地对信号进行判断。例如在信息不对称的情况下，优秀的企业品牌可以传递信誉，帮助消费者评判信号的质量和可信度。同样有研究认为新产品发布企业的公司品牌、历史、企业社会责任等信息都可以帮助消费者进行判断，从而影响其购买意图。张丽君和苏萌（2010）以北京某大学180位在校生作为样本，研究了新产品品牌、历史和创新性等产品特征作为发布信号，对新产品购买倾向的影响，验证了信号传递理论的信号反应过程模型。

　　4）企业与雇员间的信息不对称性

　　在人力资源领域，大量组织领域的学者在Spence经典模型的基础上，拓宽了信号传递理论的视角，更多地从求职者的角度来出发。求职者由于信息不完全，只能根据组织传递的线索或者信号来判断组织的意图、行动和特征，而这些信号提供了关于未来在组织中生活的信息。例如，组织的多样性管理政策作为公司传递的信号，告知给求职者未来的工作环境等信息，可以增强公司对求职者的吸引力。同样地，本身具备多元文化背景的招聘者也会给求职者发出信号，告知其该组织对多样性管理的重视。Turban 和 Greening（1996）的招聘模型综合了信号传递理论和社会认同理论（Social Identity Theory），并认为企业社会绩效能够促进企业形象和声誉，而这种企业声誉可以下方并附着到雇员身上，从而对雇员的社会评价有积极影响。从这个角度看，可以吸引更多高水平应聘者。此外，绿色实践可以将信号传递给雇员，解决企业与应聘者之前信息不对称的问题。应聘者在接收到信号后，可以对企业产生良好印象，产生应聘偏好。相关的，人力资源实践也可以作为信号，传递给雇员工作保障的信息。Suazo、Martinez 和 Sandoval（2009）从信号传递理论的视角，检验了以人力资源实践作为信号，对员工产生心理契约的影响。

从招聘者的角度看，组织越来越重视招聘过程中传播的信号的重要性。由于招聘目的是为了吸引最高质量的求职者，而招聘环节是求职者和组织首次接触，这对求职者产生心理契约非常重要。因此，组织就试图在招聘过程中展示给求职者最好的形象。但是，这种展示可能会导致求职者对组织产生不切实际的期待。招聘过程中，信号可以通过很多方式进行传递。例如，组织网站和招聘人员可以通过声称"试用期之后就可以正式入职"等承诺来构建心理契约。求职者在接收到该信号后，就会认为只要成功地通过试用期，就可以获得长期的正式入职。类似的，有些网站会写明"无裁员政策"，这就传递出该组织可以长期正式就职的信号。此外，组织还会承诺其他例如住房、补贴、奖金等，这些都是表达想要聘请求职者的信号。而通过这种信号传递的方式，双方可以有效地进行沟通，最终达到双赢的效果。

5）信号传递内容和效果的总结

综上所述，现有研究主要集中在战略管理、金融学、人力资源管理等几个领域，分别涉及了信号的内容、传递结果和传递影响因素如图 2 - 3 所示。实际上，现有研究中信号内容不仅局限于上述提及的几种，还包括合法性、组织所有权属性等。例如，结合制度理论的视角，企业正常经营需要得到合法性的支持，而获得合法性的途径之一就是告知外界，其董事会或者高管团队中有"大人物"就职，当然这类信号是无法直接观察到的。此外，对新创企业而言，公司所有权情况也是非常重要的一种信号，它能向外界传递公司背景、实力等信息。其他信号种类还包括组织间关系，管理稳定性和知识产权等（Park 和 Mezias，2005）。研究问题不同，信号的内容种类也不尽相同。

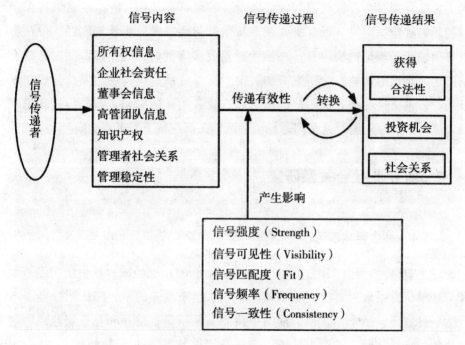

图 2 - 3　信号传递理论在管理学研究领域的实践模型

信号种类繁多，作用结果不同，其传递效果也会受到信号本身特质的调节影响。例如，根据信号在强度上的差异，学者把信号分为强信号和弱信号。信号强度描述的是信号的重要性、突出性，与信号强度类似的概念是信号能见度，但两者却是完全不同的概念。与信号能见度类似的相关术语还包括信号清晰度（Clarity）、信号压力（Intensity）和信号品质（Quality）等。另外，信号匹配度是公共信息等外部信号和信号传递者不可观测的特质等内部信息之间的关联程度。当信号传递者不可观测的本质与信号不相关时，本研究就认为信号的匹配度较差。信号传递的效果可以通过传递的次数来得到增强，即传递频率。信号是传递者在一个特定的时间点传递出来的，但组织却一直处于动态的环境下。特别是传递不同信号来表达同一信息时，信号传递者若要维持信号质量，就需要不断地重复传递信号来降低信息不对称。这个问题也涉及到了信号一致性，即来自于同一个传递者的不同信号之间的一致程度。

冲突的信号会混淆信号接收者，降低沟通效率，但是信号一致性可以帮助解决这个问题。

归纳起来，信号传递理论目前存在成熟的应用体系，同时在战略管理、人力资源管理、企业社会责任、金融学等领域都有运用，它给学者们提供了新的研究视角。但是，现有研究大多从信号传递视角分析管理问题，仅从数据方面检验了理论的稳定性，在推动理论发展方面的研究不多。同时，现有信号传递理论的情境影响研究甚少，很少有学者从制度角度出发，分析制度环境、政策支持度等方面因素的影响。这让我们产生疑问，信号传递理论受到制度情境的影响吗？这些问题却给后续相关研究留下了思考空间。

2.3　企业社会关系研究

2.3.1　社会资本理论

过去 20 多年里，"社会资本"（Social Capital）已经成为社会学、经济学和管理学研究中最重要的概念和理论之一。越来越多的学者都认同社会资本作为一种资源，是个体在社会网络中所固有的信息、信任和互惠规范，而这种资源处于社会网络结构中且可以为自身提供各类帮助。具体而言，社会资本以彼此信任、相互规范和网络结构为基础，通过该基础将需求从个体层面转移到群体层面。因此，社会资本在协调发展、提高社会效率等方面具有重要意义。

1）社会资本的概念

自法国社会学家 Bourdieu 和美国社会学家 Coleman 对社会资本进行关注以来，社会资本已经在社会学和管理学研究中引起了大量学者的重视。在社会学研究中，很多学者对社会资本的内涵进行了分析。首先对社会资本做出系统分析的学者是 Bourdieu，Bourdieu（2011）认为不同形式的资本，包括经济、文化和社会等，都是实际经济中一般科学的关键基础。他认为社会资本是一种资源合集，包括了现实资源和潜在资源，而社会资本包含的这些资源与共同熟识以及关系网络相关联。根据这个定义，Portes（2000）认为社会资本可以分为两部分内容，首先是个体可以通过社会网络获得群体资源，其次是要强调该资源的质与量。对于任何人，社会资本的总量是其所处的网络大小及网络中其他成员拥有的资源的函数。资源可以是现在看到的（现实的）也可以在未来实现（潜在的），而网络则是这个定义中更为有形的组成部分。Coleman（1988）也引入了社会资本的概念，并将其与物力资本、人力资本等其他资本进行了比较。他与 Bourdieu 的观点较为一致，即社会资本是与个体或者小群体，如家庭等相关的一种资源，但是 Coleman 的观点与 Bourdieu 的理解也存在部分差异。首先，他将社会资本定义为一种功能，并认为社会资本是由不同特征的实体所组成，他们可以对其中某个实体给予帮助（Coleman，1988）。他强调社会结构的资源不仅可以成为增加个人利益的手段，也可以对达成集体行动发挥作用。其次，Coleman 看到了个体对社会资本的投资对其他主体积极的溢出作用。因为社会资本具有公共物品的性质，个体的投资可能不足，结果导致社会瓦解。Coleman 认为这个供给问题可以通过设计正式的组织以代替家庭和社区来克服。由于 Coleman 对社会资本的定义努力地吸收了一些经济学原理，而且更容易被使用，因此其在随后的美国学者的分析中占据了优势。然而，Portes（2000）指出 Coleman 不甚准确的定义可能会引起一些混淆，导致研究者仍然不清楚社会资本指的是个体参与的社会结构还是在结构中流动的收益，从而降低了社会资本的解释力。Lin（2002）将社会资本与财务资本、人力资本和文化资本三类较为流行的资本进行比较，并强调社会资本是可以度量的。他基于社会网络理论将社会资本定义为"嵌入在社会网络中的可以被行动主体用于增加特定行为成功可能性的资源"。他分析了有关社会资本的几个争论并给出了答案。第一，社会资本既可以是集体资产也可以个体资产，但是不能将它与信任和规范相混同，后两者只能是集体资产。第二，Lin 赞同 Granovetter（1973）的观点，认为弱联系也能带来资源。他总结了通常所接受但并不总是得到证实的观点，即密集的网络有利于保持资源，并且由情感行为所建立，而桥联系有利于搜寻和获取资源，并且由工具性联系所建立。第三，Lin 强调，社会资本并非包含了所有创造收益的社会结构资源。除此之外，Adler 和 Kwon（2002）也对社会资本进行了定义，认为社会资本是个人或团队可用的善意。其来源是个人社会关系的结构和内容，它的影响力来自于个人可利用的信息、影响和凝聚力。

在战略管理研究中，大量学者也对社会资本的概念和作用进行了研究。Bourdieu 和 Wacquant（1992）将社会资本定义为企业通过占有和利用企业间关系网络为企业获取收益的资源总和。在组织内部，社会资本可以降低交易成本、促进信息的流动、创造和积累知识（Burt，2000；Lin，2004；Nahapiet和Ghoshal，1998）、提高企业创造力（Perry - Smith和Shalley，2003）。在组织外部，社会资本可以提高联盟的成功率，通过企业间关系带来的信息流量（Volume）、信息多样性（Diversity）以及信息的丰富性（Richness）来获取信息收益。社会资本有利于企业家精神（Chong和Gibbons，1997）和新创企业的形成与发展（Walker等，1997），加强与供应商的关系（Baker，1990；Uzzi，1997），能够促进企业通过嵌入到网络中的桥联系提高竞争能力。社会资本概念的应用幅度反映了社会生活的原始特征，即一种社会联系通常能被用于各种不同目的，Coleman（1988）称此为社会结构的可挪用性。社会资本曾经被表述为非正式组织、信任、文化、社会支持、社会交易、社会资源、嵌入、关系合同、社会网络和企业家网络等，这些都可以被看作是社会资本在不同环境下被应用的具体表现。

除了上述研究以外，还有许多学者对社会资本进行了界定。Portes（2000）将社会资本视为一系列资源，这种渗透在社会网络关系中的资源代表了主体利用社会网络或者社会结构中的其他成员获取收益的能力。因此，学者们逐渐认为社会资本的价值不仅仅在于主体连接的嵌入网络结构的影响，还应当考虑这些网络结构关系质量的影响。国内学者也对社会资本进行了界定，例如，社会学专家边燕杰和丘海雄（2000）把社会资本定义为组织的一种联系和能力，即组织与社会的关系和组织获得资源的能力。与其他组织的社会资本类似，企业社会资本充分强调了网络的价值，即企业在生产经营过程中，内部与外部之间产生各类联系对企业的重要影响。陈劲和李飞宇（2001）根据社会资本理论，把其划分为横向联系、纵向联系和其他联系三种。横向联系就是企业与同行或其他非直接相关的企业之间的联系，纵向研究是指企业与上下游之间的联系，还有企业与其他机构、社团之间的联系被认为是第三种联系。同时，他们也强调了社会资本作为一种能力对企业的重要性。根据上述梳理，本书对社会资本的定义进行了小结，具体如表2-3所示。

表2-3　社会资本定义

文献来源	企业社会资本的定义
Bourdieu（1984）	基于制度化的彼此熟悉与价值观认可的关系网络的资源合集
Coleman（1988）	由社会结构的某方面组成的社会资本，可以给结构内个体提供帮助

文献来源	企业社会资本的定义
Ronald Burt（1992）	社会资本就是组织与外部其他组织之间的关系
Gabbay（1999）	社会资本是以社会结构为基础的资源，这类资源可以帮助结构内企业实现某些目标
Roger、Leenders 和 Shaul（1999）	社会资本是一种资源，这种资源来源于社会网络，作用是帮助企业实现目标
Baker（2002）	社会资本是指企业通过社会网络中的关系而获得的资源
边燕杰（2000）	社会资本是一种能力，是企业通过横向、纵向等社会关系获得各类所需资源的能力
黄金华、徐俊（2003）	社会资本就是企业内部、外部社会关系网络
张方华（2004）	社会资本是以彼此信任和规范为基础所形成关系的范围和质量，同时还包括获得企业所需资源的能力
周小虎和陈传明（2004）	社会资本是社会网络中的资源合集，这些资源可以帮助企业实现各类目标
刘林平（2006）	社会资本是组织通过外部关系连接而获得自身所需资源的能力

资料来源：根据相关文献整理。

2）社会资本的作用

社会资本对企业获取持续竞争能力具有以下的潜在帮助：

第一，降低外部经济活动的交易成本。企业间的社会资本可以促进企业间形成联盟关系，而这种关系可以有效地减少市场中的交易成本（Baker，1990）并提供特有的经济机会（Uzzi，1997）。Williamson（1985）的观点认为有限理性思考、机会主义行为和资产专用决定了市场中交易费用的存在。而社会资本由于基于彼此信任与合作，具备社会资本的交易可以降低机会主义行为的可能性。同时，在双方关系建立的前提下，交易中的契约可以作为辅助、甚至不需要契约，同样可以降低机会主义行为的可能性。此外，社会资本有助于组织之间的信息传递，解决双方信息不对称的问题，进而降低交易费用。基于足够理性与彼此信息对称，组织间多次交易的情况会经常发生，且这种长期合作对双方企业都是积极的（Burt，2000）。社会资本通过整合外部资源与企业内部资源，也包括企业具备的内外部两方面关系，形成共同利益，保证企业各利益集团的利益不受损失。

第二，改善企业资源管理效率。基于 Barney（1991）的资源基础观，社会资本可以视为一种特殊的资源，给企业带来竞争优势。虽然目前对企业而言，资金、人力、信息等都是组织重要的经营资源，缺一不可，但是社会资本也是企业的一种战略资源，它可以减少获取信息、资金的成本，进而促进企业建立竞争优势。具体而言，组织通过与行业协会、政府部门、同行企业等组织建立良好的社会关系，可以以相对较低的成本获取市场、产品信息、掌握最新政策趋势等。此外，还可以有利于企业技术创新、知识转移等。因此，社会资本从资源观的角度可以被视为一种稀缺的、不可替代的重要资源，具有改善企业资源管理效率的作用。

第三，改善组织的内部管理现状。还有研究总结了社会资本的其他作用，例如，Fukuyama（1995）认为社会资本可以帮助企业降低管理成本，从而建立竞争优势。Gabbay 和 Zuckerman（1998）认为社会资本作为类似催化剂，可以促进组织与外部环境之间的信息交换、资源共享、产品创新等。此外，还有学者认为社会资本可以促进企业形成智力资本和团队间合作效率的提升（Nahapiet 和 Ghoshal，1998；Saegert 和 Gary，1998）。

需要强调的是，部分学者观察到社会资本不仅仅能为个人、组织内部以及组织联盟带来收益，社会资本的形成同时需要付出成本。Chen 和 Chen（2004）发现，在社会资本建立初期，一方面，个人与组织往往需要投入较多的时间和金钱成本。另一方面，个人和组织对于社会资本的依赖，可能导致能力陷阱，从而不注重自身能力构建或其他资源的吸收。强联系往往带来同质冗余资源，不利于企业的创新。社会资本对于个人、组织以及组织间活动的影响如表 2 - 4 所示。

表 2 - 4　社会资本的作用

影响	社会资本的具体作用
正面影响	有助于个人职业生涯的成功和薪酬的提升（Burt，1992；Gabbay 和 Zuckerman，1998；Podolny 和 Baron，1997）和有助于个人寻找工作机会（Fernandea、Castilla 和 Moore，2000）
	有助于组织内部不同部门之间以及组织之间的资源交换、产品创新（Gabbay 和 Zuckerman，1998；Hansen，1998；Tsai 和 Ghoshal，1998），智力资本的创造和积累（Hargadon 和 Sutton，1997；Nahapiet 和 Ghoshal，1998，以及提升跨部分团队合作效率（Rosenthal，1996）
	加强与供应商等合作伙伴的关系（Rosenthal，1996），降低交易成本（Rosenthal，1996），以及实现组织间学习（Kraatz，1998）
	有助于促进企业家精神和产品创新（Chong 和 Gibbons，1997），以及创业企业的建立（Walker、Kogut 和 Shan，1997）

影响	社会资本的具体作用
负面影响	建立和维持需要投入时间、人力以及物力
	强联系容易导致"绑定效应",形成同质资源冗余

资料来源:根据相关文献整理。

2.3.2 "关系"的研究

社会资本概念的形成和发展主要发生在西方,而在中国与之相近的概念——"关系"——在过去的 20 年中同样受到越来越多的广泛关注,逐渐在西方的文化人类学、社会学、社会心理学、政治学、企业管理等主流文献中成为一种合法的社会文化概念。在中国,关系的实践已经成为一种规范,而随着西方企业开始采用关系实践(如关系营销),关系的作用也变得越来越广泛。

1)"关系"的内涵

关系在中国已经深深嵌入到中华上下五千年的传统文化中。自从公元前六世纪孔子将社会规则、价值和权威的层级结构以文字的形式记录下来,中国社会就像一个巨大的宗族网络一样在发挥作用。关系在一系列同心圆中发挥作用,亲近的家庭成员位于中心位置,而亲属、同学、朋友和熟人根据关系的远近和信任的程度依次安排在外围。当个人依靠自身能力无法完成某项任务时,他就会动员关系网络来达到其想实现的目的(Redding,1991)。

关系的含义丰富而复杂。许多学者试图详细说明这个概念,但是到目前为止仍然没有统一的意见。Walder(1986)认为在市场受限制并且充满稀缺产品的环境下,关系替代了非个人的市场交易,因此关系是涉及互相帮助或者依赖个人联系或小的腐败来获取公共物品和私人物品的社会关系。Redding(1991)认为关系是一种个人定义的互惠联系的网络。Davies 等(2004)认为关系是指包含了互相帮助、给面子或者社会地位的个人联系,网络的概念适合于抓住关系的关键本质。Tsang(1998)将关系定义为"暗示着连续的互相帮助的友谊"。Lovett 等(1999)认为关系是支配中国和东亚商业活动的非正式联系的网络和互相帮助,它是一种基于个人关系的古代制度。Park 和 Luo(2001)认为关系是利用联系以在个人联系中获取帮助的概念。Luo(2003)描述了关系的几大原则:第一,关系是一种个人关系(Relationship)。传统的中国社会制度是根据个人之间的二元联系定义的。人被定义为社会的和交往的生命体，而不是孤立的、分离的个体。关系的社会哲学被儒家称之为伦理，即一种差异化的等级，如"君臣、父子"。Fei（1992）指出中国人的联系是以自我为中心向周围辐射的社会空间，就像掉进水中的石子产生的波纹一样。即使现有很多研究从组织层面研究关系与企业绩效或竞争优势的关系，但是学者们明确指出"企业间关系是指不同企业经理人之间的联系，而企业与政府部门的关系是指企业经理与政府官员之间的个人关系"（Park 和 Luo，2001）。第二，关系是互惠的。Gold（1985）指出关系基于互惠，即传统的报答的概念，当一个人为其他人帮忙并视之为社会投资，希望得到回报。这种互相的帮助包含了从日常生活中必需的稀缺资源到工作机会、商业信息以及其他收益。欠他人一个人情使个体有义务在晚些时候做出回报，但是具体时间并没有限定，而且帮助并不一定是等价的。但是，在西方的网络中，互惠通常包含了大体等值的交换。如果一个人拒绝对帮助给以回报或者不遵循互惠的规则，那么他就被认为是不可信的。第三，关系是可以转移的。这种转移通过某个共同的连接进行（如 A 和 C 的关系通过共同的关系对象 B 建立）。可转移的程度依赖于 A 和 C 与 B 建立的关系强度。第四，关系是无形的。关系的长期生命力依赖于关系对象对关系和对方的承诺。关系不能具体指明交易帮助（Change of Favors）的范围和频率，关系双方通过看不见的、不成文的互惠和公平原则绑定在一起。不尊重这种承诺会大大损害一个人的声望，从而会感觉没有面子或失去威望。第五，关系是功利的。Park 和 Luo（2001）认为关系完全基于互相帮助，而不是感情依赖。相应的，关系网络并不一定包含友谊，尽管倾向于建立友谊。如前所述 Hwang（1987）将中国背景下社会交易的人际关系分为情感型、工具型和混合型。他指出情感型关系主要发生在家庭成员、紧密的朋友和像家庭一样的群体中，它是建立在感情的基础上的。工具型关系是指为了实现特定目标，存在于那些短期交往的人之间，如推销员和顾客。混合型关系处于两者之间，它存在于彼此互相了解并且期望长期交往的人之间。

2）关系的分类

在中国，"关系"是高度个性化（Individual）和特殊化（Particularistic）的概念。关系因其性质、目的和基础的不同而存在很多分类（Chen 和 Chen，2004；Hwang，1987；Tsang，1998；Yang，1994）。这些分类大多将关系看作是互惠的（Fan，2002）或者功利的而不是情感依赖的（Park 和 Luo，2001）。事实上，有些关系类型是这样的，但其他一些可能并非如此。例如，家庭成员的关系并非一定是互惠或功利的，而是负有责任和承诺的。一些文章将亲属关系看作情感导向的（Hwang，1987），而另外一些将其看作互惠的（Yang，1994）。当然，更多的关系是带有功利性的。Hwang（1987）将关系分为情感关系（Expressive Ties）、工具性关系（Instrumental Ties）和混合关系（Mixed Ties）三类。情感关系是家庭成员和亲属之间的关系，这种关系是建立在责任基础上的持久、稳定关系；陌生人之间的关系是工具性关系，这是一种不稳固的、暂时性的关系；而介于两者之间的关系是混合性关系。例如，作者将供应商与客户之间的关系看作一种工具性关系，而父子之间的关系是一种典型的情感关系。Yang（1994）根据建立关系方的类型不同，将关系分为亲人（Qinren）关系、熟人（Shuren）关系和生人（Shengren）关系三类（Tsui 和 Farh，1997）。其中，生人关系包括与不认识的人或尚未开发出关系的人的关系；熟人关系指与认识的人通过共同的社会属性（如老乡，同学）联系在一起而建立的关系；而亲人关系特指亲缘关系。

3）企业社会关系的定义与分类

作为一种重要的社会关系，在企业管理研究中，企业社会关系的作用受到战略领域学者的广泛重视。企业社会关系指"管理者的边界扩展活动和与相关外部实体的交互"（Geletkanycz 和 Hambrick，1997），它是中国企业商业往来的一种通用手段（Batjargal 和 Liu，2004；Boisot 和 Child，1996）。企业社会关系对中国企业发展特别重要（Zhang 和 Li，2008）。一方面，中国长期以来都有通过企业社会关系进行商业交易的传统。尽管经济转型使得中国市场化程度越来越高，认识正确的人或建立合适的关系仍然对企业获取关键资源和正统性异常重要。正因为此，建立在契约基础上的企业间关系很难取代建立在管理者社会身份基础上的人际关系。另一方面，网络往往与正式制度的不健全有关。市场环境和制度环境的高度不确定要求中国企业利用管理者网络降低交易成本和执行契约（Luo，2003）。在转型经济中，与供应商管理者建立紧密关系能够帮助企业获取高质量的原材料，商品服务，以及及时的货物递送。与客户建立密切关系能够激发客户的忠诚度、增加销售量以及可信赖的付款。还有，与竞争企业保持良好的社会关系能够帮助形成合作机会（Peng 和 Luo，2000）。此外，以往研究表明企业也会与政府官员建立良好的个人关系，因为政府各级官员仍然有相当的项目审批和配置资源的权力（Li，2005；Peng 和 Luo，2000）。与商业协会建立良好的关系可以为企业提供交换信息的平台，鼓励企业间合作和其他合作活动。

根据外部实体的不同，企业社会关系也分为不同的类型。Peng 和 Luo（2000）认为，在网络中构建的社会关系可以定义为企业为了获取资源等利益，其管理者与外部形成的联系。在中国，企业培养两种具体的社会关系（Luo 和 Chen，1997；Peng，1997）。第一类是企业管理者与其他企业的管理者，包括供应商、客户和竞争者，建立的商业关系。在动态变化的环境中，企业更有可能动用与其他企业建立的商业关系（Pfeffer 和 Salancik，1978）。作为一种独特的关系类型，中国企业的管理者需要与政府官员建立关系（Luo 和 Chen，1997）。与政府官员建立良好的关系可以帮助企业更好地管理环境不确定从而提高企业绩效。Li（2005）也将企业社会关系分为商业关系和政治关系两类。其中，商业关系为企业与外部实体建立的横向关系，而政治关系为企业与外部实体建立的纵向关系。文章认为，在目前我国制度不完善的阶段，企业社会网络作为政府制度支持或制度特权的替代发挥作用。类似地，Zhang 和 Li（2008）把企业社会关系分为商业关系（Business Ties）与支持关系（Support Ties）。商业关系与 Peng 和 Luo 的分类一样，为企业与其他企业建立的关系，而支持关系反映的是与商业协会和政府机构建立的非商业关系。在此分类基础上，作者根据关系是否处于某个集群区域内，将其进一步划分为集群内商业关系、集群内支持关系、集群外的商业关系及集群外的支持关系四类。如表 2－5 所示整理了现有文献中，企业社会关系的部分主要分类。

表 2－5　企业社会关系的主要分类

文献来源	期刊名称	分类
Peng 和 Luo（2000）	Academy of Management Journal	商业关系和政治关系
Lee、Lee 和 Pennings（2001）	Strategic Management Journal	合作关系和赞助关系
Acquaah（2007）	Strategic Management Journal	商业关系、政治关系和社团关系
Xu、Huang 和 Gao（2012）	Asia Pacific Journal of Management	制度关系

文献来源	期刊名称	分类
Zhang 和 Li（2008）	Asia Pacific Journal of Management	商业关系和支持关系
杨卓尔等（2013）	科学学研究	垂直联系、水平联系和政治联系

资料来源：根据相关文献整理。

综上所述，企业社会关系对很多地区，尤其是新兴经济国家企业的发展有很大的影响。而且，不同国家的企业社会关系体现出不同的特点。总体来说，商业关系和政治关系作为两种重要的企业社会关系已受到中外学者的广泛认同和关注。

4）企业社会关系与绩效的影响研究

现有关于企业社会关系与绩效关系的研究主要分为三类，即企业社会关系对企业绩效的直接影响研究、权变因素的调节影响研究以及企业社会关系与绩效的中介过程研究。首先，大量学者关注企业社会关系对企业绩效的直接影响。例如，Peng 和 Luo（2000）认为企业商业关系与政治关系都与企业绩效正相关。Li（2005）的研究发现，对在中国经营的外商投资企业来说，管理者网络也与其绩效存在正相关关系。在基于资源观点和交易成本理论基础上，Li 和 Zhang（2007）在对 184 家技术新创企业的研究中发现，企业与政府官员的关系，即政治网络与中国转型时期新创企业的绩效存在显著正相关关系。通过对产业集群内部分企业的深入调查，Zhang 和 Li（2008）认为企业社会关系可以正向影响企业绩效。但是，随着经济的不断发展和制度的不断完善，政治关系对企业的重要性逐渐降低，而商业关系对企业的重要性仍然较高，因此在任何阶段，商业关系仍然是企业的发展重点。类似的，Li 等（2008）的国内外对比研究也认为，我国企业的社会关系可以正向影响企业绩效。但由于关系使用所需要的思维与国外企业管理者的思维不兼容，在企业社会关系使用强度增大时，国外企业无法有效使用通过关系获取到的信息，因此企业社会关系与国外企业绩效存在倒 U 形关系。也有研究认为关系对企业不同绩效会产生不同影响，例如，Park 和 Luo（2001）认为企业社会关系可以促进销售增长，但是在财务利润方面并没有限制关系。企业管理者花费大量的时间和精力去培养人际关系以提高企业销售量。与客户的关系能提高客户忠诚度从而最小化交易成本和商业不确定性，进而提高企业销售增长。

与供应商培养关系能够帮助企业获取高质量的原材料、收获良好的服务和及时的送货。与竞争者培养关系可以促进资源共享和隐性合谋，从而降低竞争成本和运作变数，帮助企业提升销售和增长。此外，关系构建也需要责任和成本，也就是人情（Yang，1994）。关系是互惠的、功利的，因此培养和维持关系虽然能够提高企业销售量，也需要付出成本。尤其在经济转型时期，结构调整迫使关系培养需要投入大量的财务资源。因此，关系网络的使用不一定会提高企业利润增长。从上述分析可见，企业社会关系对绩效的作用受到研究者们的充分重视，现有研究普遍认同企业社会关系在中国转型经济时期对企业发展至关重要。但这种影响是一种强烈的情境依赖性影响，它会因企业性质的不同、企业所处环境的不同以及绩效测量标准的不同而体现出一定的差别。从上面的介绍可知，大部分学者都认同并发现企业社会关系有利于企业绩效的提高。但对外商投资企业来说，由于文化差异的存在，企业管理者在关系使用的过程中可能会遇到使用瓶颈，从而导致倒 U 形关系的出现（Li 等，2008）。这充分说明企业社会关系会受到文化、制度等情境因素的影响，企业社会关系的使用是一个高度情境依赖的问题。

其次，情境研究被广泛引入到企业社会关系与绩效关系的研究中。正如上文所述，企业社会关系的使用是一个情境依赖的话题。在以往研究中，很多权变因素被引入企业社会关系与绩效研究中，同时也深化了我们对企业社会关系价值发挥的理解。Peng 和 Luo（2000）认为企业社会关系对绩效的作用会受到企业所有权类型、行业分类、企业规模以及行业增长率的影响。由于私营企业在经营实力等方面均存在劣势，因此对小企业和私营企业而言，与政府建立的社会关系可以帮助企业获得政治支持、合法性地位等，从而立足现有市场。因此，对于这类企业而言，社会关系对企业绩效的影响更为明显。除此之外，其他一些权变因素也被引入到企业社会关系与绩效的研究框架中。Li 和 Zhang（2007）在研究中发现，恶性竞争的环境会促进政治关系对企业绩效的作用。同时，Li 等（2008）学者认为，竞争强度越高、市场不确定性越大的情况下，企业社会关系对绩效的作用越显著。此外，Lee 等（2001）研究发现企业家导向、技术能力和企业资源都会正向调节企业社会关系对绩效的作用。从上述分析可知，在认同企业社会关系的作用发挥受到权变因素影响的基础上，很多关键要素，特别是企业所处环境的特征要素和组织本身的属性要素被引入到企业社会关系与绩效研究中，从而对两者关系提供了更为细致的描述。总体而言，学者们都普遍认识到权变研究对深入了解企业社会关系价值体现的积极作用。经总结发现，目前学者们主要考察了组织特征因素（Peng 和 Luo，2000）、环境因素（Li 和 Zhang，2007；Li 等，2008）和制度因素（Xin 和 Pearce，1996；Peng 和 Luo，2000）对企业社会关系与企业绩效关系的调节影响，尤其是基于环境因素的研究一直是学者们关注的焦点。

最后，近年来也有研究开始关注企业社会关系影响企业绩效的作用路径。有的学者发现，信息共享的程度可以作为企业社会关系影响竞争优势与企业绩效的中介机制（Wu，2008），渠道和反应能力也可以用于解释关系对市场绩效的影响（Gu 等，2008）。此外，McEvily 和 Marcus（2005）认为可以用共同解决问题这一中介因素来解释企业间社会关系对绩效提升的影响。总体来说，尽管关于中介过程的研究数量仍然不多，但学者们已经认识到信息共享、企业能力等因素在企业社会关系影响绩效过程中发挥的重要中介作用，这为进一步的研究奠定了基础。企业社会关系的详细研究框架如图 2-4 所示。

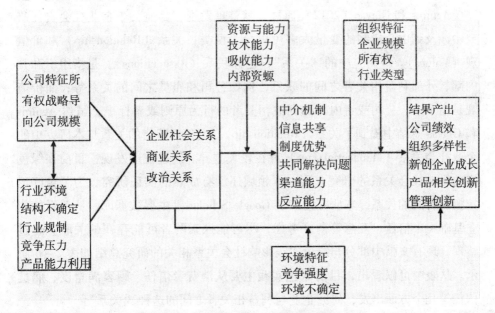

图 2-4   企业社会关系研究框架

2.4　各变量间相关研究回顾

为了更直观地切入本研究的研究内容,更好地体现本章文献综述工作的意义,本节内容重点回顾了现有文献中各个变量之间作用关系的研究,从而为提出本研究的概念模型起到桥梁与铺垫的作用。

2.4.1　绿色实践与社会关系的相关研究

由于 2.1.3 中已经详细回顾了绿色实践与财务绩效的关系,本节内容将重点分析绿色实践与社会关系的影响研究。随着绿色实践研究的不断深入,绿色实践的产出结果和作用机制引起了大量研究者的关注,有部分学者从理论角度尝试分析企业社会责任与社会资本之间的关系,但是目前还没有关于绿色实践影响企业社会关系的独立实证研究。根据文献综述发现,现有文献中存在相关研究正不断向"绿色实践——社会关系"进行靠拢。

Aguinis 和 Glavas(2012)通过文献整理发现,目前关于企业社会责任研究中涉及到中介机制的变量大多可以分为两类:关系(Relationship)和价值观(Values)。该研究中的"关系",也称联系(Associations),是指组织和其内部、外部利益相关者之间的联系,例如公司和雇员之间的关系等;而价值观是指个人、公司或者内外部利益相关者的行为原则或者标准。虽然 Aguinis 和 Glavas 总结中提到了关系(Relationship),但他们所指的关系与本研究中的企业社会关系(Managerial Ties)存在较大差异。经过梳理发现,目前在绿色实践影响社会关系的研究方面,本领域还没有成熟的实证研究。为了更好地挖掘两者间的关系,本研究搜索了 Google Scholar 等主要数据库,从关系的建立基础——信任、互惠等角度考虑,尽可能探索两者可能存在的关联。经过整理,现有文献中部分与绿色实践影响社会关系相关的研究总结如表 2-6 所示。从表中可以看出,目前绿色实践主要从消费者信任、顾客满意度、雇员信任等几个方面出发,研究企业与利益相关者之间的这种"关系"。

表 2 - 6　部分绿色实践与社会关系相关联的类似研究

作者	来源期刊	中介变量	结果变量
Vlachos 等，2009	Journal of the Academy of Marketing Science	消费者信任（Consumer Trust）	
Pivato、Misani 和 Tencati，2008	Business Ethics：A European Review	消费者信任（Consumer Trust）	
Lev、Petrovits 和 Radhakrishnan，2010	Strategic Management Journal	顾客满意度（Customer Satisfaction）	
Luo 和 Bhattacharya，2006	Journal of Marketing	顾客满意度（Customer Satisfaction）	
Graves 和 Waddock，1994	Academy of Management Journal		对投资方吸引力（Attractiveness to Investors）
Glavas 和 Piderit，2009	Journal of Corporate Citizenship		改善的员工关系（Improved Employee Relations）
Hansen 等，2011	Journal of Business Ethics	雇员的信任（Employee Trust）	

资料来源：根据相关文献整理。

虽然目前还没有研究直接涉及到绿色实践影响企业社会关系的内容，但是已经有大量学者从不同视角，采用实证研究和案例研究等方法，努力向本研究中所指的企业社会关系（Ties）靠拢。因此，现阶段有必要进一步探索企业绿色实践对企业社会关系的影响，这有利于学者进一步理解绿色实践的价值。

2.4.2　企业社会关系与财务绩效的相关研究

目前文献中已有大量研究关注企业社会关系的价值问题，从 Xin 和 Pearce（1996）到 Peng 和 Luo（2000），已经存在多个经典研究为学者指明了方向。大量研究表明社会关系可以促进财务绩效，但是也有学者表明两者关系并非总是正向影响（Li、Poppo 和 Zhou，2008），同时还可能存在权变影响（Acquaah，2007）。为了更清晰地展示现有研究结论，本研究将部分研究结果整理如表 2 - 7 所示。

表2-7　部分企业社会关系与财务绩效的影响研究总结

作者	来源期刊	作用结果
Peng 和 Luo（2000）	Academy of Management Journal	正向影响
Li 和 Zhang（2007）	Strategic Management Journal	正向影响
Zhang 和 Li（2008）	Asia Pacific Journal of Management	正向影响
Li、Poppo 和 Zhou（2008）	Strategic Management Journal	倒"U"形关系
Guo、Xu 和 Jacobs（2014）	Journal of Business Research	正向影响
Li 和 Sheng（2011）	Industrial Marketing Management	正向影响
Lee 等（2001）	Strategic Management Journal	受权变影响
Acquaah（2007）	Strategic Management Journal	受权变影响

资料来源：根据相关文献整理。

　　表2-7清晰地表明，目前关于"企业社会关系——财务绩效"的研究可以分为四个部分。首先，部分研究认为企业社会关系可以正向影响财务绩效，典型文献包括了 Peng 和 Luo（2000）、Li 和 Zhang（2007）、Zhang 和 Li（2008）等人的研究。这些学者分别从资源基础观、社会资本理论等视角分析了社会关系给企业带来的利益，从而提高竞争优势，提升了财务绩效。其次，部分学者认为两者之间存在倒"U"形关系（Li、Poppo 和 Zhou，2008），而 Park 和 Luo（2001）在其研究中发现企业社会关系与企业利润之间并不存在显著关系，即两者之间不相关。这部分学者认为虽然关系可以从某种程度上给企业带来特殊资源，但是建立和维持良好的关系也需要企业付出大量资源，甚至有时候会出现入不敷出的现象。再次，Peng 和 Luo（2000）在其研究中提到了相关权变因素的影响，认为两者的关系会受到行业特征、组织特征等因素的调节影响。之后，Lee 等（2001）、Acquaah（2007）等学者都认为导致"企业社会关系——财务绩效"研究结论不一致的原因可能是存在调节机制。最后，近年来学者除了关注权变因素外，越来越多的研究开始探索"企业社会关系——财务绩效"的中介作用机制。组织间信息共享（Wu，2008）、制度优势（Li 和 Zhou，2010）、渠道和反应能力（Gu 等，2008）等都是现有研究中所涉及的中介因素。详细的研究框架如图2-4所示（见2.3.3节）。

　　近些年，随着社会关系研究的不断发展，学者们对"企业社会关系——财务绩效"模型中权变因素的探索趋于完善，因此更多的研究开始关注其内部作用机制。例如 Guo 等（2014）从制度角度出发，认为制度支持、建立规制合法性和机会认知都是"企业社会关系——财务绩效"的中介变量，进而更好地解释了社会关系对企业的价值。

2.5 本研究与现有研究的关系

本节内容主要根据上述四节内容整理，对绿色实践、社会关系的现有研究进行深入评述。同时，在综述的基础上，总结、提炼现有研究与本研究之间的关联之处，目的在于揭示本研究的文献基础。

2.5.1 绿色实践研究评述

从2.1节的研究综述可以看出，绿色实践自20世纪80年代以来，学者们对其定义、内涵，以及其前因和结果都进行了相关研究。2.2节对绿色实践的研究视角、理论、框架都进行了梳理，虽然截至目前已经取得了一定的成果，但是在许多方面还有待开展更多、更深入、更系统的研究，主要包括以下几点：

首先，根据2.1节中的图2-1可以发现目前学者主要集中在对绿色实践前因变量和结果变量的研究，少数研究关注了能力和资源等调节因素。但是，还有很多研究空白值得深入探讨。例如，与企业绿色实践有关的情境因素考虑不多，包括制度因素、行业特征等。关于绿色实践的前因和结果也值得进一步探讨。特别是在我国这类转型经济背景下，绿色实践近些年才受到管理者和学者的重视，制度特征作为重要的情境因素，对绿色实践的影响十分重要（沈灏等，2010）。我国企业处于特殊制度环境中，制度不完善、不确定性较高、变化速度较快等特征，是否会使得企业绿色实践的作用价值产生变化，该问题值得学者进一步探讨。此外，绿色实践作用的中介机制研究还不够完善。刘玉焕和井润田（2014）通过文献梳理发现，目前中介变量研究主要集中在组织内部和外部因素，而社会关系等内部机制的研究正处于起步阶段，同时现有研究还存在一定的问题和不足。

其次，一方面需要关注企业所处的外部环境，另一方面也需重视企业自身内部能力和条件。在我国特殊市场和制度特征背景下，企业的社会关系作为制度补充，与绿色实践之间可能存在着紧密的联系。关系作为我国企业生存和发展的重要资源，受到战略领域学者的关注，但是很少有研究将两者直接联系起来。绿色实践是否会影响社会关系，或者社会关系是否会影响绿色实践，这都是十分有趣的话题。此外，跨文化研究等也是目前较为缺乏的研究空白，特别是在引入"关系"后，更凸显了中国本土化的研究特色。

最后，虽然目前学者们已经对绿色实践进行了大量研究，但是在研究方法部分存在几个问题。关于定义和测量，2.1节已经提到，目前存在很多绿色实践的不同定义和测量，不同的测量方式也导致了不同的研究结果。关于研究方法，绿色实践的研究背景最初起源于西方发达国家，而我国有关绿色实践的研究大多是理论分析和案例分析，采取实证研究的方法仍然不多。特别是在我国这样的制度背景下，实证研究的缺失对未来学者的探索会产生障碍，例如无法满足元分析（Meta - analysis）的样本数量要求。此外，已经有学者采用上市公司的二手数据分析了绿色实践的相关问题，但是我国证券市场的特殊背景使得我国二手数据存在质量方面的问题，而绿色实践方面的问卷调查研究还较为缺乏。还有学者提出了测量绿色实践与财务绩效时间序列方面的问题。因此，在研究方法和数据来源方面可以进一步调整。

本研究通过图2-5展示了绿色实践目前研究的不足与本研究的着力点，试图直观地说明本研究的文献基础与文献来源如图2-5所示。

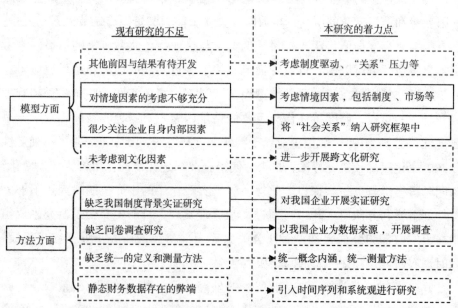

图2-5　本研究与绿色实践现有研究的关联

注：黑色实线部分为本书的着力点，虚线部分为未开展工作。

2.5.2 信号传递理论研究评述

信号传递理论在解决信号不对称方面具有里程碑意义，但是通过文献整理，本书发现信号传递理论现有研究的局限性。本书试图通过分析目前存在的不足，结合管理学研究前沿趋势，为未来研究提供了方向。主要包括以下几个方面：

首先，科学理论的发展主要有深化（Elaboration）、繁衍（Proliferation）、竞争（Competition）和整合（Integration）四种方式。本书通过对以往研究的梳理发现，目前信号传递理论大多处于应用阶段，管理学者大多通过繁衍的方式，借用信号传递理论的思想，把其引入到管理学研究中。但是，本研究认为目前研究在理论的深化、竞争和整合方面都存在欠缺。科学研究的主要目的是发展理论，实证研究通过演绎和归纳两种范式对理论进行检验和发展。现有的信号传递理论研究主要通过演绎进行验证，即采用回归方程、结构方程模型等统计手段研究相关变量间的关系。换言之，目前存在大量关于传递理论的实证研究，但这类研究大多停留在检验理论的阶段，并未实质性地推动理论的发展。针对理论发展的现状，笔者认为未来学者可以更多地进行前沿性理论研究，类似《管理学会评论》（Academy of Management Review）中的大多数研究，通过理论性回顾和评论，激发和引导信号传递理论的发展。同时，在理论整合方面，可以把其他理论与信号传递理论进行整合，例如可以尝试把信号传递理论和制度理论进行整合并探索新的理论。本研究推断，整合两种理论并进行新理论探索，将会是一项特别有趣且重要的研究。

其次，几乎所有的理论都是在一定的情境下成立的，一旦超出了这些边界条件，理论就可能不再有解释力。因此，大量华人学者开始关注管理学的本土化研究，探索西方成熟理论在中国情境下的应用。西方理论基于一系列假设和逻辑，这些假设和逻辑可能不适合于中国的文化和制度环境。信号传递理论涉及的不同主体，由于来自不同行业、不同文化背景等，这些情境因素是否会影响信号发射者的信号传递过程？例如，从文化背景角度看，中国等受儒家思想影响的地区，人们视谦逊为美德，这种思想是否会影响信号的传递？从制度角度分析，鉴于中国这种转型经济，必然存在制度不完善，法制不健全等问题。信号传递理论在招聘模型、企业社会责任等方面的研究，大多都是基于西方情境，但是否同样适合中国情境？与上述正式制度相对应的非正式制度是否也会有调节信号的作用？从动态演变角度观察，信号传递理论是否会随着时间的推移而发生演变等问题，学术界还很少考虑到。因此，未来学者在研究的时候可能需要注意情境因素的权变影响。此外，目前研究大多是出于静态环境下，但是随着经济全球化的发展，企业和个人都处于高速发展、不断变动的环境中。在动态环境下，信号传递理论是否还能正常解释管理现象也值得学者关注。

最后，值得注意的是，信号传递理论在组织行为、运营管理等其他领域的研究有待发展。现有研究大多集中在会计学、金融学、人力资源管理等方面，但是信息不对称问题随处都可能存在，而信号传递理论正是一个有力的分析工具。因此，信号传递理论可以为其他领域的学者提供新的理论视角，给目前的研究带来新的研究思路。同时，本研究仅从管理学的应用角度出发，梳理了该理论的研究进展，未来学者可以从生物学、人类学等多个学科视角来进行探析。

2.5.3　社会关系研究评述

经过了 20 年左右的研究积累，在"关系"领域的研究已经趋于完善，但是仍然还有一些空白值得学者们进一步关注。

首先，关于企业社会关系的前因还值得探索，即社会关系是如何形成的。根据 2.3 节的图 2-4 可知，现有研究主要从公司特征和行业环境两大方面探索企业社会关系的形成过程。但是，其他方面的诸多因素都尚未考虑。例如，制度因素是否也是社会关系的前因，企业绿色实践是否也是其形成来源。

其次，关于分类问题。目前的研究对企业社会关系的分类主要由 Peng 和 Luo（2000）的经典文献引领，即把社会关系分为商业关系和政治关系如表 2-10所示。虽然之后许多学者直接引用了他们的分类和测量方式来进行相关研究，但是随着社会关系领域研究的不断积累与发展，有学者就注意到该分类方法存在的问题。例如，杨卓尔等（2013）就在原有分类的基础上进行改进，把关系分为垂直关系、水平关系和政治关系。因此，需要考虑一个更为周全的细分方式，深化社会关系的研究内容。

再次，现有研究很少从动态演化的角度对社会关系进行研究。多数文献仅仅把社会关系作为成熟的研究变量，通过对不同关系进行测量，探索其与企业财务绩效等结果产出的影响。但是，在目前的背景下，企业社会关系不仅仅是一个静态的概念。其实，社会关系从建立、培养到发挥作用都是一个动态演化的过程。因此，目前的静态研究可以进一步转向动态过程视角，这将有助于对社会关系的进一步理解。

最后，现有研究虽然对制度环境有所涉及，但是由于关系是中国特色产物，而我国特殊的制度环境又对关系产生影响。因此，关系与制度是紧密不可分的两个研究内容，特别是在关系与制度的互动方面，两者是否从替代作用转为互动影响。这些问题也值得学者进一步关注如图 2-6 所示。

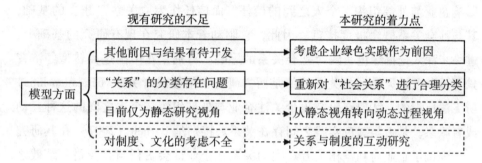

图 2-6　本研究与企业社会关系现有研究的关联

注：黑色实线部分为本书的着力点，虚线部分为未开展工作。

2.5.4　本研究与现有研究的关系

结合 2.4.1 节和 2.4.2 节对各变量间现有研究的回顾，并根据 2.5.1 节、2.5.2 节、2.5.3 节对现有研究的述评，本书研究与现有研究的联系与区别表现在以下几个方面：

首先，本书的出发点仍然与现有多数研究保持一致，即分析绿色实践究竟对财务绩效的影响如何。虽然已经有大量研究关注了绿色实践与财务绩效之间的关系，但是现有研究仍然存在结论不一致的问题。经过 2.4 节的回顾和总结，本研究认为导致结论不一致的原因是作用的中介机制不清晰、理论基础不同、未考虑到情境的调节效应。因此，本研究在上述研究空白的基础上，试图将企业社会关系引入"绿色实践——财务绩效"框架中，并打开上述作用机制的黑匣子。在理论基础方面，现有研究主要从利益相关者理论、自然资源观等视角进行阐述，部分社会责任领域学者也通过信号理论解释企业社会责任对财务绩效、企业招聘等方面的内容。但是，尚未有学者采用信号理论研究绿色实践与社会关系之间的影响。因此，本研究用信号理论研究该问题，弥补了现有文献的空白，拓展了绿色实践的研究框架。

其次，现有绿色实践影响结果变量的中介因素还不多，虽然有学者考虑到了消费者信任等与"社会关系"较为接近的变量，但是研究绿色实践影响社会关系的实证研究，目前还较为缺乏。本研究试图以信号理论为理论基础，探索企业社会责任领域中的绿色实践与企业社会关系之间的联系。本书选择社会关系作为中介机制的解释，主要基于以下几个原因：①部分国外研究已经认为绿色实践影响财务绩效的作用机制是信任基础，即绿色实践会有效地影响企业与外部组织、个人之间的信任。而信任作为"关系"建立的基础，其与社会关系概念极度接近。因此，它驱动着本研究在现有研究的基础上，进一步深入挖掘绿色实践对社会关系的影响。特别是在中国这类转型经济背景下，制度缺失体现的关系价值是西方研究中信任或者关联（Relationships）所无法比拟的。②现有研究很少关注企业与外部组织、个人之间的这种互动或者联系，是否与绿色实践之间存在关系。特别是 Barnett（2007）在其研究中，强调了企业与利益相关者之间的关系在企业社会责任与企业财务绩效之间的中介作用，且需要进一步的实证检验。利益相关者理论将组织绿色实践的思路从企业内部转向企业外部，强调了企业与外部利益相关者的互动对企业的影响。而信号理论可以帮助学者跳出现有研究思路，从社会关系的角度，深入分析绿色实践价值体现的复杂过程。因此，本研究认为绿色实践作为当下解决环境问题的有效方式，其与社会关系之间的影响作用可以进一步挖掘企业与利益相关者的互动研究。③现有研究很少关注企业社会关系的形成问题。虽然学者和管理者都认识到社会关系在我国制度背景下的重要性，但是企业应该如何建立、形成这种良好关系，却缺乏足够重视。从 2.3 节的图 2-4 可以看出，社会关系的驱动因素主要包括公司和行业两个层面，而公司层面却没有涉及绿色实践或者企业社会责任等类似战略方面的驱动力。因此，本研究重点分析绿色实践是否会促进组织间关系的形成与维持，试图拓展现有企业社会关系的研究框架，完善目前的研究内容。

最后，本研究在整合了绿色实践与企业社会关系之后，重点考虑到了目前市场环境和制度背景的情境影响。本书选择竞争强度和恶性竞争这两个情境因素，主要基于以下考虑：①绿色信号在传递过程以及信号端对信号的解释阶段，可能会被外界环境所影响。从 2.2 节的图 2-3 中可以发现，信号是一种极不稳定和复杂的虚拟物质，它会受到多种因素的干扰，例如信号强度、信号可见性属性等都可能会受到影响，所以信号的差异就会直接影响绿色实践的价值体现。②从2.1节的图2-1可以看出，目前绿色实践领域关于情境因素的研究并不多。虽然有学者也提到了情境的重要性，但是以我国转型经济为研究背景，探索特殊制度环境和市场环境下绿色实践的实证研究还不多。因此，本研究尝试弥补该不足，重点讨论不同情境对绿色实践影响社会关系的调节影响。

为了更好地展示现有研究与本研究之间的关系，本书将绿色实践、社会关系的研究框架整合在图2-7中。黑色实线表示本研究的内容结构，虚线表示现有研究内容。在绿色实践的众多结果变量中，选择了社会关系作为解释绿色实践影响财务绩效的中介机制。以往绿色实践研究中所缺乏的制度环境和市场环境研究，被纳入到本研究框架中。本研究与现有研究的关系思路，如图2-7所示。

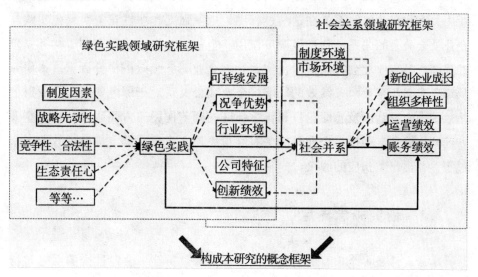

图2-7 本研究与现有研究的关系图

本章主要总结了与本研究相关的文献和理论。梳理、总结了企业绿色实践、信号理论、社会关系等内容。从概念、内涵、类型，理论的基本观点以及现存的争议和不足方面对这些研究进行了详细整理，为整体模型的提出和假设的分析奠定了基础。同时，本章后两节还对现有研究与本研究的相关性进行了详细地解释，帮助读者更好地理解本书的研究思路。

3　概念模型及假设提出

本章首先对构建理论模型的基本要素进行详细的界定和分析，并针对第一章中所提出的研究问题，在理论综述的基础上，构建关于绿色实践、企业社会关系、竞争强度、恶性竞争以及企业财务绩效的理论分析模型。研究认为，企业绿色实践可以对企业社会关系产生正向影响，其中社会关系包括行业内关系和行业外关系。在这一过程中，竞争强度和恶性竞争对绿色实践与企业社会关系的关系分别产生调节作用。企业社会关系改善有利于财务绩效的提高，且企业社会关系是绿色实践影响企业财务绩效的中介因素。本研究从绿色实践与企业财务绩效的影响、企业社会关系对于绿色实践与企业财务绩效的中介影响以及恶性竞争和竞争强度的调节作用三方面逐步分析了企业如何利用绿色实践提高企业社会关系并最终建立竞争优势、提高绩效的复杂过程，并提出了相应的假设。

3.1　研究概念界定

本研究涉及多个重要的研究要素，包括绿色实践、企业社会关系（包括行业内关系和行业外关系）、企业财务绩效、竞争强度和恶性竞争。在建立概念模型前，本章提前对上述各个关键要素进行定义，详细阐述其具体内涵。

3.1.1　企业绿色实践

绿色实践（Green Practices）研究源于西方对环境保护的重视，近些年也受到我国企业、民众和政府的关注。绿色实践是指企业从事的各类环保或与产品安全等方面相关的绿色活动，企业通过它向外部传递绿色信号，可以加深外部单位对企业的了解。在概念内涵方面，以往研究之间虽然存在差异，但其本质却相差不大。例如，绿色实践也被称为环境管理（Environmental Management）、绿色管理（Green Management）、绿色管理实践（Green Management Practices）、企业可持续性（Corporate Sustainability）等，其核心内涵都是类似的（李茜，2013）。环境管理和绿色管理从企业生态管理能力的角度，强调管理能力的提升。企业可持续性是在重视节能减排的基础上，结合管理能力的培养，追求长远发展的状态。除了名称上的差异，不同学者在内涵方面也从多个角度对绿色实践进行了解释。有学者将绿色实践视为一种管理形式，其目的是通过节约资源来获得经济效益，而有的学者认为绿色实践是一种管理思想和认知，其最终目的并不是利润的增长。他们把绿色实践视为一种管理战略，它对企业获得合法性地位具有重要作用，是企业整体战略中不可分割的一部分（Banerjee，2002）。还有学者认为绿色实践不仅要关注环境保护，还要重视创新和可持续发展，例如产品安全问题也是绿色实践的重点之一。

　　不同领域的学者从不同的理论视角加深了对绿色实践内涵的理解。例如，环境经济学侧重讨论企业绿色实践的价值，即研究绿色实践是如何影响财务绩效的。正如 2.1 节所述，新古典经济学的"成本说"与"波特假设"形成鲜明对比。"成本说"将绿色实践视为一种经营成本，会负面影响企业财务指标。而"波特假设"则把绿色实践作为企业获得竞争力的来源，认为绿色实践可以为企业和外部组织形成双赢的局面。战略管理领域的学者把绿色实践上升为企业战略的高度，认为绿色实践是企业与外部自然环境互动的方式，是企业战略的一部分。绿色实践战略需要企业环境管理的战略计划与其他战略计划相协调，对生态问题进行定位，强调了企业对环保和产品安全问题的战略导向。基于组织社会学的制度理论，主要从制度角度出发，认为企业绿色实践决策与外部制度相关。企业进行绿色实践是为了获得合法性地位（Legitimacy）与社会认可，从而获得多方支持，进而提高组织竞争优势。对绿色实践的类型研究中，Wartick 和 Cochrane（1985）初次构建了企业社会责任模型并对其进行分类。在他们的研究模型中，绿色实践被分为主动型、防守型、适应型和反应型四种类型。Winn 和 Roome（1993）同样根据企业的响应态度，即是否积极响应绿色号召，将绿色实践分为优异型、跟随型和服从型三类。除了他们的分类，Aragon – Correa（1998）则将绿色实践分为传统末端治理与现代预防两类。

根据上述现有文献对绿色实践的理解，本研究认为绿色实践不仅局限于对环境进行管理，同时还需要关注创新和产品安全等多个因素，它是企业可持续发展的必经过程。本研究依据 Hjmohammad 等（2013）对绿色实践的解释并综合上述理解，将绿色实践定义为一种管理思想与管理方式，它通过绿色技术创新、管理创新等方式，降低能源消耗、减少污染、保障产品安全，目的在于保持可持续发展、获得竞争优势。

3.1.2 企业社会关系

企业社会关系在管理领域的大规模研究源于 Xin 和 Pearce（1996）以及 Peng 和 Luo（2000）的经典文献。社会关系研究框架认为，在中国这类正式制度约束（如法律和法规）较弱的环境中，非正式制度约束（如企业管理者建立的人际关系）在促进经济交易过程中可能起到更为重要的作用，从而影响了企业财务绩效的提升。Xin 和 Pearce（1996）、Peng 和 Luo（2000）、Peng（2003）以及 Peng 和 Zhou（2005）等人的诸多研究强调了在目前经济转型的特殊时期，企业面对制度转型时，社会关系可以为企业解决制度不足带来的问题。社会资本理论强调社会资本作为组织与外部连接的方式以及彼此信任的结果，对企业而言是一种极为重要的资源（Bourdieu，2011）。基于社会资本理论，Li 和 Zhang（2007）考察了中国的初创高科技企业，发现社会关系对于企业的成长和竞争至关重要，因此它们建立各种各样的关系以满足自身发展需要。

大量研究认为企业的生产经营活动非常依赖企业社会关系，这种关系是管理者与外部联系的一种个人之间的连接，是一种非正式的关系（Fan 等，2013）。大多数学者把企业社会关系分为政治关系（Political Ties）和商业关系（Business Ties）（Peng 和 Luo，2000；Li、Zhou 和 Shao，2009）。商业关系主要是指管理者与顾客、供应商、经销商和同行业竞争者之间的个人关系。这类商业关系往往可以为企业带来最新的行业技术、知识和市场信息。与客户建立的关系能够产生较好的顾客满意度和顾客忠诚度，与供应商建立的紧密联系能够帮助企业从供应商处获取高质量的原材料、周全的服务和及时的送货。相对应的企业政治关系（有研究将其称为企业政治关联）是指管理者与政府部门官员或者其他机构之间的关系，例如工商局、税务局、银行等。商业关系中涉及的商业单位和政治关系中涉及的政府部门，分别代表了企业在任务环境中非常重要的两类利益相关者（Peng，1997）。

Peng 和 Luo（2000）最先设计了测量商业关系和政治关系的量表，因此大部分学者一直沿用 Peng 和 Luo 的这种分类。但是，该分类遗漏了与其他利益相关者的关系，例如媒体、高校、行业协会等。于是，近年来有学者把企业社会关系重新划分为垂直联系（与供应商、顾客之间的关系）、水平联系（与同行业其他企业的关系）和政治联系（与政府部门的关系）三大类（杨卓尔等，2014）。杨卓尔（2014）的研究虽然把企业社会关系重新分类，但是与 Luk 等（2008）的研究分类存在争议，Luk 认为商业关系是一种水平关系，而政治关系是垂直关系。

本研究结合 Peng 和 Luo（2000）关于企业社会关系的定义和分类，认为企业社会关系是指企业管理者的一种边界行为和与外部单位间的联系，并将其分为行业内关系（Intra - value Network Ties）和行业外关系（Extra - value Network Ties）。行业内关系是指与企业生产经营活动产生直接联系的一些单位的关系，一般包括顾客、供应商、分销商、同行企业。而行业外关系是指与企业生产经营活动产生间接联系的一些单位的关系，主要包括上级主管、政府部门、执法机关、党政机关、行业协会、高校、科研机构、媒体、其他行业、社会组织等。行业内关系涉及到的是企业的直接利益相关者，而行业外关系主要是间接利益相关者，他们对企业的影响可能会存在差异。本研究之所以把企业社会关系分为行业内和行业外，主要基于以下原因：首先，已有学者提到企业所面临的利益相关者可以分为两类，即主要利益相关者（包括客户、供应商以及雇员）和次要利益相关者（包括政府、媒体、非政府组织等）（刘玉焕和井润田，2014）。他们研究发现针对主要利益相关者的企业绿色行为可以对财务绩效产生影响，而次要利益相关者方面的影响则不显著。因此，他们认为这两种不同的利益相关者对企业的影响也是不同的，需要区分对待。其次，Peng 和 Luo（2000）等人以往的分类在研究覆盖面等方面都存在某些不足。相比较以往研究的定义和分类，本研究的分类将更为合理，这样的分类，其群体关系覆盖面较广，而且代表了企业不同的利益相关者。

3.1.3　竞争强度

竞争强度（Competitive Intensity）是指在一个特定行业里，市场竞争的程度（Porter，1980），它是从竞争者数量的角度对企业所处的市场环境进行分析。竞争强度较高的环境，意味着企业面临的竞争对手较多，彼此间竞争较为激烈。反之，竞争强度低的环境则是竞争缓和或没有竞争，企业的经营环境更为轻松。随着竞争强度的增大，市场中就会出现激烈的价格战、高度同质性的产品和服务、高强度的广告投入、更好的产品供应、额外服务以及更频繁的相互交易（Porter，1980）。

不同学者从不同角度对竞争强度进行了研究。例如，Porter 认为竞争强度是影响公司资源分配、运营能力和利用合作关系最突出的环境因素（Porter，1980）。在高强度竞争的市场中，"无形的手"将发挥更大的调整作用，价格趋向于由市场的供给和需求决定。激烈的竞争强度会导致需求供给均衡关系中不可预测的变化，同时可能会把企业推向易受攻击的境地（Ang，2008）。这就需要企业在面对激烈的竞争强度时，积极且快速地进行应变，否则就会被市场淘汰（Li 等，2008）。在同一行业中，商业决策和产出很大程度上会受到竞争强度程度的影响（Porter，1980）。当市场竞争强度较高时，许多竞争者会为了有限的资源而争抢，这就会导致资源的不稳定性和稀疏性（Ang，2008）。面对高水平的竞争，公司可能会发现很难吸引有质量的合作者（Li 等，2008）。所以，他们会采用其他合作关系来作为竞争强度的缓冲方式，特别是在科技领域方面（Wu 和 Pangarkar，2010）。还有研究关注了竞争压力的情境作用，研究检验了竞争强度在公司各个层面产出的权变影响（Lahiri，2013）。例如，He 和 Nie（2008）通过对光电子企业的研究发现，竞争强度会促进企业创新对绩效的积极作用。作者同时推断，在高强度竞争压力下，创新是公司进行产品差异化的选择之一。因此，高竞争强度促使公司从事创新活动来维持市场竞争力，而低竞争强度的环境会缓解企业通过创新提高绩效的程度。Cadogan、Cui 和 Li（2003）基于出口制造企业的研究发现，公司的出口市场导向行为（Export - market Oriented）与出口销售效率绩效之间的关系受到竞争强度的影响。高竞争强度会促进上述关系的正向影响。Auh 和 Menguc（2005）研究了澳大利亚制造型企业中，企业探索、应用和效能之间关系受竞争强度的影响。综上所述，竞争强度大多被视为企业管理的一种驱动因素或情境因素。

本书以 Ang（2008）的定义为基础，认为竞争强度是指市场中企业的数量，表明一家企业对其他企业生存机会所造成的影响。竞争强度是一种市场特征，企业在竞争环境下生存和发展都需要依赖于自身所拥有的资源和能力。

3.1.4　恶性竞争

恶性竞争（Dysfunctional Competition），指市场中的违法竞争现象，主要包括机会主义、违法竞争、不正当经营等情况。本研究在测量恶性竞争时，主要考虑：市场中是否存在较多非法模仿新产品的不正当竞争；产品或商标是否曾经被其他公司模仿或伪造；公司是否经常遭遇其他公司的不正当竞争；公司的利益是否容易受到不正当竞争的侵害；是否很难依赖法律法规惩罚不正当竞争。

大多数研究把恶性竞争视为转型经济背景下的一种制度特征。在中国等转型经济国家，由于制度环境的不完善、法律法规的不规范、保护知识产权的意识较差以及缺乏科学合理的监管机制等诸多问题，导致了市场中的恶性竞争情况比较突出，这种恶性竞争的情况常常缺乏约束，是目前大多数企业必须面临的重要环境因素（Li 和 Atuahene－Gima，2001；Peng 和 Health，1996）。恶性竞争已经成为转型经济国家的企业无法逃避的环境特征，这种特征将会影响企业的战略制定及决策结果，这对于企业而言是至关重要的（Pfeffer 和 Salancik，1978）。例如，Li 和 Zhang（2007）在对我国高科技企业进行调研时发现，恶性竞争的制度环境会增强政治网络对新创企业绩效的正向影响，强调了制度缺失时政治关系的重要性。

根据上述阐释，本研究结合 Li 和 Atuahene－Gima（2001）、Li 和 Zhang（2007）等人的观点，将恶性竞争定义为行业中存在的一种机会主义、不公平甚至是违法的竞争行为，它代表了转型经济环境中一种普遍的制度环境特征。

3.1.5　企业财务绩效

在管理研究领域，企业财务绩效是衡量组织战略实现和组织目标达成的一种方式。企业财务绩效作为战略研究领域的重要变量，长期以来都受到学者的关注。例如，战略学者一直关心的一个问题就是"为什么不同的企业，其绩效水平会存在差异"（Richard 等，2009）。倪昌红（2011）在对 Strategic Mangagement Journal 期刊上三年间发表的文献进行整理，发现近 30% 的实证研究主题是围绕企业财务绩效的。财务绩效主要基于财务和市场指标，可以反映公司经济目标的实现情况。运用较多的财务指标有投资回报率（ROI）、资产报酬率（ROA），以及销售增长等。根据第二章文献综述的结果，本研究选择企业财务绩效作为因变量，主要想探索和回答"企业绿色实践是否值得付出（Does it pay off to be green）"以及"企业社会关系对企业的影响究竟如何"等几个问题。

关于企业财务绩效的测量，现有研究存在众多测量方式。总结而言，主要是从财务类指标（投资收益率、销售收益率等）、运营类指标（生产率、创新绩效等）和市场类指标（股票市值、市场绩效等）三大类出发。对于企业财务绩效测量指标的选择，并没有严格的定论。学者可以根据自身需要，选取合适的指标进行测量。那么在数据来源方面，是采用客观绩效测量还是主观问卷调研的方式，也是学者们讨论的话题。Churchill 等（1985）的研究发现，主观报告绩效的结果与客观数据研究结果相同，并不存在显著差异。同时，在我国特殊的环境下，研究对象中很多均非上市公司，同时企业的财务指标都是较为敏感的商业信息，因此采用主观报告的方式是可行的（倪昌红，2011）。在本研究中，企业财务绩效是指企业在经营过程中所达到的财务指标，同时将采用主观问卷的方式进行测量。

3.2　模型框架构建

通过对绿色实践、企业社会关系、竞争强度以及恶性竞争的文献概述和关键变量的界定，并结合第一章提出的实践背景和理论空白，本研究认为进一步分析企业绿色实践对于财务绩效的影响，以及企业社会关系、恶性竞争和竞争强度对于该影响的作用，无论是在理论上还是在实践上都有着非常重要的研究意义。基于此，本书对绿色实践、企业社会关系、竞争强度、恶性竞争与企业财务绩效五者之间的关系进行深入的研究，具体的研究思路如下：

近年来随着民众对环境保护和产品安全方面的认识越来越高，企业绿色实践被政府、媒体、民众等推上了风口浪尖。生态环境和企业发展之间存在矛盾的主要原因是我国企业缺乏社会责任意识，积极采取绿色实践战略的理念较弱。虽然管理者普遍意识到，在理想环境中绿色实践对企业的经营活动具有重要意义，但是现实情境下，绿色实践究竟是如何影响企业的呢？企业究竟是否应该从事绿色实践呢？

虽然大多数文献都认为绿色实践是企业获得竞争优势的源泉，但是目前关于"绿色实践——财务绩效"的研究结论仍然不一致。一方面，Friedman

（1970）的古典经济学观点认为，企业的社会责任就是给股东创造财富，而企业从事绿色实践等行为则会对股东的利益造成影响。Wallich 和 McGowan（1970）试图调和社会利益和经济利益之间的关系，但是并没有表明企业社会责任会对股东有何利益。另一方面，处在转型经济背景下的中国，自然环境受到严重污染，而企业专注于现有能力的构建无法保证在高度不确定的外部环境中维持竞争优势。同时，面对日益动态复杂的环境，企业如果仍然坚持利润最大化的经营原则，所带来的价值可能随着时间的推移而被侵蚀。成功的组织往往既能够有效地进行正常经营活动，又能够主动承担相应的社会责任，通过绿色环保措施来造福人类（张钢和张小军，2013），并通过把握绿色实践和企业利润之间的平衡来创造竞争优势（Chen，2008）。已经有越来越多的文献强调企业需要通过构建新的绿色实践能力来应对环境的波动和满足不断变化的市场需求，缩小与优秀企业之间的差距，同时认为企业从事绿色实践活动是提高竞争优势的有效途径。例如最新研究中，Su 等（2014）基于信号理论，发现企业社会责任有利于促进财务绩效的提升。因此，本研究将进一步深入研究企业绿色实践活动是如何对企业财务绩效带来综合影响的。

本研究认为，导致目前"绿色实践——财务绩效"研究结论不一致的原因可能有以下几点。首先，是理论基础和研究视角方面。不同领域的学者基于不同的理论基础，对上述问题进行了不同的解读。利益相关者理论、代理理论、信号理论、古典经济学理论等，都为该问题提供了理论基础。虽然，利益相关者理论认为企业绿色实践活动可以满足企业利益相关者的要求，而这些利益相关者可以直接或者间接对企业产生影响，企业进而获得竞争优势，但是，绿色实践影响企业财务绩效的内部黑匣子仍然未能彻底打开，其作用机理仍然不够清晰。通过对现有文献的梳理和分析，本研究认为信号理论可以有效地解释绿色实践的价值。因此，本研究将基于信号理论，深入分析绿色实践对财务绩效的作用影响及作用机理。

其次，现有文献对"绿色实践——财务绩效"的作用机制研究不够，对中介因素缺乏重视。由于历史问题，中国企业长期偏重保守型生产经营方式，技术基础薄弱，对绿色实践等探索性创新重视不够，因此导致企业内部的知识资源缺乏，无法依靠内部积累拓宽资源获取途径。在这种情境下，将目光投向组织边界外，通过外部网络获取资源就成了企业的不二选择。外部社会网络对于企业获取知识和其他资源、促进企业绩效的作用，已经得到了学者们的关注。例如，Simsek（2009）指出通过建立社会网络等方式使用外部资源，有利于企业解决资源约束问题。但是，绿色实践影响外部社会网络这方面的研究还处于起步阶段，实证研究较为缺乏。特别是，绿色实践对企业社会关系的作用需要深入分析和探讨。具体来讲，在现有企业社会责任和绿色实践的文献中，涉及到中介作用机制的因素主要分为制度层面、组织层面和个人层面。而制度层面的中介因素主要是利益相关者的关联，组织层面的因素有公司无形资源、企业社会责任的管理解释（Managerial Interpretations）作为机会，而个人层面的主要涉及了雇员对有远见领导力的认知、组织识别和组织认同（Organizational Identity）等（Aguinis，2012），但是，却没有涉及中国特色的社会网络——关系。虽然上述中介中曾提及利益相关者关联，但是这个从西方引进的"关联（Relation）"概念和中国特色的"关系"之间还存在显著的异质性。虽然以往有少量研究曾探讨绿色实践对消费者忠诚、信任等方面的影响，但是研究面大多局限在消费者群体，缺乏系统性。从关系建立的角度考虑，关系建立和维护的部分基础就是彼此的相互信任与互惠、合作等倾向。而绿色企业通过传递出的绿色信号正好可以提高信任等中介因素，因此，本研究重点关注绿色实践对企业社会关系的影响，从而检验社会关系在绿色实践影响企业财务绩效方面的中介影响，辨明企业社会关系的内部影响机制效果。

再次，对情境因素的忽略也可能是"绿色实践——财务绩效"结论混乱的原因。绿色实践文献已经指出了制度、产业特征、互补性资产（能力、资源）等组织情境因素对绿色实践的重要作用（沈灏、魏泽龙、苏中锋，2010），而战略管理研究常常会强调市场的情境影响（Boyd等，2012）。在经济改革期间，中国的制度环境发生了巨大而复杂的变化。市场经济不断发展，全球化的冲击，使得竞争更加激烈，市场竞争强度对企业的影响凸显。特别是在竞争强度较大的环境中，企业财务压力较大，很难进行绿色创新等活动。此时，企业传递出的绿色信号会受到市场高竞争压力的影响，从而影响信号端的解释。此外，作为重要的制度因素，恶性竞争现象在转型经济体制下时有发生。目前，处于转型经济的中国，承担着市场制度转型的压力。同时，在制度转型的过程中，由于法律法规的不健全，市场中会产生各类恶性竞争行为，如山寨仿制、随意违约。上述不正当竞争行为，反映的正是我国企业所面临的制度环境。恶性竞争越严重的市场，说明相配套的法律制度不完善、监管力度不够高等。而恶性竞争的企业对法律法规的无视，才会导致违约行为、侵权行为、恶意攻击等行为的发生。恶性竞争会影响绿色企业传递自身的绿色信号，包括对信号真实性等方面的影响。因此，在分析绿色实践对企业社会关系的影响时，需要考虑包括恶性竞争等制度因素的影响。此外，有学者认为对于在中国这类制度转型背景下经营的企业，恶性竞争对企业的影响要强于内部资源和其他外部环境（苏中锋和孙燕，2014）。所以，为了对绿色实践和企业社会关系之间的影响有更深层次的理解，就需要考虑恶性竞争的调节影响。因此，本研究将探讨竞争强度和恶性竞争对绿色实践及对企业社会关系影响的调节作用，拓展绿色实践与社会关系的现有研究内容。如图 3 - 1 所示为本研究模型构建的思路和过程图，更清晰地展示了本书的出发点和具体做法。

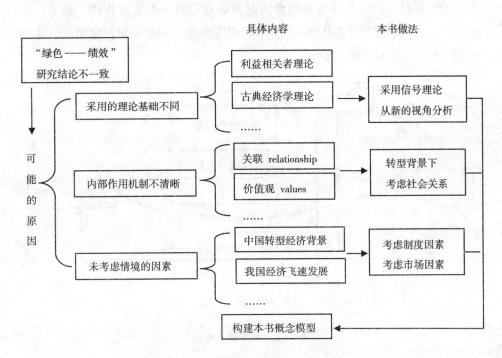

图 3 - 1　模型构建思路与构建过程

基于以上分析，本书基于信号理论、社会网络理论以及市场和制度的情境观点，将企业社会关系、竞争强度和恶性竞争引入到绿色实践与财务绩效的研究框架中，提出了一个关于绿色实践、企业社会关系、竞争强度、恶性竞争与企业财务绩效的概念模型如图 3 - 1 所示，以反映企业绿色实践、社会关系以及财务绩效之间的关系。在该模型中，绿色实践分别反映企业适应新时期发展环境的战略，企业社会关系反映了动态环境下外部关系影响企业资源配置的能力，恶性竞争、竞争强度则表示制度因素和市场因素两种情境因素的作用。

概括起来，本书的研究分为三个方面的内容：①深入分析绿色实践对财务绩效的影响作用。②从行业内关系和行业外关系进行考虑，分析企业社会关系的中介作用。即企业社会关系作为一种资源重新配置的能力，如何在绿色实践和企业财务绩效之间起到中介效果。为此，本研究深入分析了绿色实践如何影响企业社会关系以及社会关系如何影响企业财务绩效的内容。③检验了市场竞争强度和恶性竞争的调节效应，进一步分析在动态变化以及不健全的制度环境中，绿色实践是如何改善企业社会关系的，从而更完整地揭示了企业外部社会网络在绿色实践影响财务绩效过程中的重要作用。基于以上研究内容，本书提出了如图3-2所示的研究框架。在这一研究框架下，本书将进一步提出假说并进行论证。

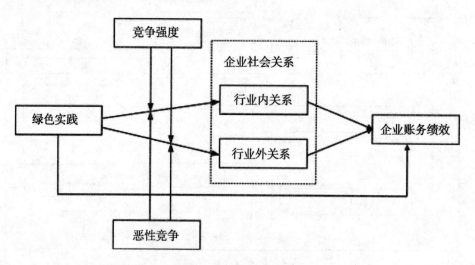

图3-2　本书概念模型

3.3　研究假设的提出

根据上面的研究框架，本节详细分析这些变量之间的关系，并提出相应的理论假设。本研究根据相关的理论基础、以往研究结论以及企业的管理实践，具体对绿色实践、行业内关系、行业外关系、竞争强度、恶性竞争以及企业财务绩效等相关因素之间的关系进行详细的分析和阐述，并在此基础上提出可以检验的理论假设。

本研究所涉及到的理论基础，主要包括以下几类。首先，解释绿色实践影响企业财务绩效的常用理论基础包括利益相关者理论（Friedman 和 Miles，2006）、信号理论（Su 等，2014）、代理理论（Friedman，1970）、自然资源基础理论（Hart，1995）、资源基础观（McWilliams 等，2002）等。其次，解释企业社会关系作用的理论基础可以分为个人层面和公司层面。个人层面的关系研究理论主要有社会交换理论（Blau，1964；Homans，1958）、领导—成员交换理论（Graen 和 Uhl–Bien，1995），公司层面的研究更多地依据社会资本理论（Li 等，2014）、制度理论（North，1990）和资源基础观（Barney，1991）、资源依赖理论（Pfeffer 和 Salancik，1978）或者交易成本理论（Coase，1937）。根据以往文献可知，上述理论都可以用于探索绿色实践和关系的重要性以及价值研究。本研究根据分析的实际需要，在研究绿色实践影响企业社会关系时，从关系建立的基础这一角度出发，采用信号理论进行阐释。同时，在分析企业社会关系影响财务绩效方面，本研究从社会资本理论的角度进行解释。

3.3.1　绿色实践与企业财务绩效的关系研究

关于企业绿色实践和财务绩效的关系，目前的研究结论仍然不一致（Su 等，2014）。不同研究领域的学者，通过不同的理论与数据，得到了多样化的研究结论。例如，经济学或金融学背景的学者大多认为绿色实践活动导致了成本的增加，因此绿色实践会负向影响企业财务绩效（Karnani，2010）。而管理领域的学者大多认为绿色实践可以改善企业和利益相关者之间的关系，提高了企业声誉，同时获得了竞争优势。学者们认为绿色实践的成本小于所提升的绩效，从而可以提高企业财务绩效（Su 等，2014）。此外，还有学者认为两者之间并不存在显著的相关关系。诸多理论被用来解释企业绿色实践和财务绩效之间的关系，其中包括利益相关者理论、制度理论、古典经济学理论、代理理论、现代管家理论等。每种理论都从各自独特的视角对这一主线关系的作用机制进行了阐释。例如，代理理论的视角认为企业管理者从事绿色实践活动的驱动力是帮助其自身的职业发展以及满足其他个人目的，企业滥用的资源最终将被返回到股东手里，或者被用于实施其他更为紧急的项目（Cennamo 等，2009）。现代管家理论的角度认为企业从事绿色实践活动是管理者的道德义务，不需要考虑是否对企业绩效带来真正的价值（Donaldson 和 Davis，1991）。而利益相关者理论认为企业不仅要满足股东的权益，同时还必须满足各类利益相关者，从而获得竞争优势。

本研究认为导致"绿色实践——财务绩效"研究结论不一致的原因是理论视角的选择问题。我们认为企业与外部存在显著的信息不对称（Information Asymmetry）问题，这类不对称的信息往往包括质量信息或者意图信息（Stiglitz，2002）。绿色信息不对称就阻碍了企业绿色实践的发展，信号理论（Signaling Theory）就可以针对双方之间存在的这种信息不对称，具体分析绿色信号的重要价值（Ramchander 等，2012；Montiel 等，2012）。基于信号理论，本研究侧重分析绿色实践企业向投资者、消费者等利益相关者传递出何种信号，以及这类信号是否会对企业产生价值。

首先，绿色信号可以弥补信息不对称的问题。本研究认为企业与其他利益相关者之间普遍存在信息不对称或者信息不透明（Information Opacity）的现象（Ramchander 等，2012）。例如，企业与消费者之间在产品安全、生产流程、经营思想等方面拥有的信息并不对称。大多数消费者对产品生产过程、原材料以及流通环节的信息掌握是受局限的，更多的消费者只能从产品终端的介绍获取信息。这种企业与消费者之间的信息不对称，显著地增加了市场交换过程中的交易成本（Williamson，1985）。同时，这种信息不对称常常会导致消费者迷茫与决策失误，从而影响消费满意度。但是，企业通过绿色实践活动，可以向利益相关者传递潜在的、不可观测的企业属性（Unobservable Attributes）。如果利益相关者十分重视这些不可观测的企业属性（企业绿色思想等），就可能会给这类绿色企业提供额外的奖励（Ramchander 等，2012）。此外，企业还可以通过绿色实践与利益相关者建立良好关系，形成"利益相关者影响能力"（Stakeholder Influence Capacity），进而在投资收益方面获得更多的回报。虽然从事绿色实践需要投入一定的成本，但是在企业获得"利益相关者影响能力"之后，该成本就会有所回报（Barnett，2007）。因此，在企业财务成本方面并不存在显著的压力。

其次，企业绿色信号的传递可以帮助企业获得更多的无形资源和资金投入，包括绿色组织文化、企业声誉、人力资源等。这些无形资源进一步可以帮助企业获得资金支持（Orlitzky 等，2003；Sharma 和 Vredenburg，1998）。例如，绿色信号可以帮助企业吸引更多的优秀人才，进而有效地提高企业效率。此外，在进行投资决策的时候，越来越多的投资者除了关注投资回报外，更多地开始关注投资组合决策中的道德和伦理方面以及上述所说的各类无形资产。从事绿色实践的企业可以向投资者展示其与竞争者不同的绿色能力，吸引投资者资金的投入（Su 等，2014）。特别是近些年，我国在绿色产业方面的扶持力度不断加大，绿色实践的企业可以更容易地获得政府补助和各类优惠政策。因此，绿色实践从这方面也会对企业财务绩效产生积极影响。

最后，绿色信号的传递可以帮助转型经济背景下的企业规避制度缺陷引起的问题（Porter 和 Kramer，2011）。在转型经济国家，由于法律系统的不完善，制度环境的不健全，这种环境往往会导致信息交换存在困难。例如，在制度不健全的背景下，污染企业很有可能逃离相应的惩罚，同时不向外界披露污染情况。这种情况下，企业与外部之间的信息会愈发地不对称。Su 等（2014）也认为，转型经济背景下，当地制度结构的不足会导致企业很难与利益相关者交换、沟通关于质量等方面的信息。例如，在相关制度缺失的情况下，消费者很难获得产品安全、质量等方面的信息，因此在购买决策时会受到影响。制度环境导致的市场信息不透明、不公开，严重阻碍了市场交易的顺利进行。而在转型经济背景下，绿色实践活动所传递的绿色信号，可以有效地针对制度的缺陷，弥补市场中存在的信息不对称现象。

在现有研究中，许多学者也发现绿色实践会对财务绩效产生积极影响。最早研究中，Porter 等（1995）提出，企业通过提高资源生产率、产品创新和改进生产流程等方式可以降低成本或提供差异化产品，从而建立起企业竞争优势。Porter 还发现，那些实施绿色行为的企业通过对污染物的治理并转化为副产品能够为企业带来额外的收益。Hart（1995）的研究也得到了相似的结论，他提出企业通过绿色行为把排污水平降低到相关法规的要求，可以避免相应的罚款，降低企业经营成本，从而提高企业绩效。Eiadat 等（2008）进一步提出，企业进行绿色行为可以为企业带来良好的环保声誉，从而获得竞争优势。Judge 和 Douglas（1998）将环境绩效和经济绩效加以区分，证明了企业进行绿色实践不仅能够提高环境绩效，还能够提高经济绩效。Banerjee（2001）详细阐述了企业的绿色行为可以降低企业运营成本，通过对污染处理方面的改善带动产品和流程创新，促进经济绩效的提升。Eiadat 等（2008）

的实证研究结果表明企业通过绿色行为的实施可以同时促进企业的环境绩效和经济绩效。近几年的研究也表明绿色企业通过传递绿色信号，可以获得多方的积极响应，如雇员满意度（Edmans，2011）、消费者满意（Lev 等，2010）、供应商满意等（Montiel 等，2012）。

国内学者也得到了类似的研究结论。刘林艳和宋华（2012）基于中国企业的样本，发现企业的绿色实践行为可以促进企业绩效水平的提高。李卫宁和吴坤津（2013）以珠三角 235 家制造型中小型企业作为研究样本，发现企业绿色实践活动将有效地提高企业绩效。李怡娜和叶飞（2011）在新制度主义理论和生态现代化理论的基础上，构建了制造企业实施绿色环保创新的驱动因素与实施效益的理论框架。通过对广东省珠三角地区 148 家制造型企业进行调研发现，企业绿色环保实践可以通过企业的环境绩效间接地促进经济绩效。

综上所述，从事绿色实践的企业可以传递出绿色信号，解决企业与外界信息不对称的问题，通过满足各方利益相关者的利益，从而改善企业形象，获得各类利益相关者的支持，从而提高竞争力，最终提高企业的绩效。基于上述的分析，我们提出以下假设。

假设 1：企业绿色实践和企业财务绩效呈正相关关系。

3.3.2　绿色实践对企业社会关系的影响研究

根据 Chen、Chen 和 Huang（2013）的研究，关系被广泛定义为关系实体之间的一种联系，而关系实体可以通过建立、运用这种联系来应对日常生活和工作中的诸多问题。同时，社会关系的建立和维持是建立在双方彼此存在信任、互惠预期和共同的价值观等基础之上（Das 和 Teng，1998）。具体而言，关系建立的基础存在以下几种不同的情况。一种是共享的社会身份（Shared Social Identities），即关系实体间在社会身份方面存在某个共同点，例如亲属关系、共同的姓氏、校友或同学、出生地、工作地或者政党关系等存在相同之处。另一种是第三方的存在，即存在一个第三方 C 某，其同时熟悉A、B 双方，那么 C 可以在 A、B 双方建立关系的时候起到桥梁的作用。第三种关系基础就是预期的关系基础（Anticipatory Guanxi Bases），也就是共享的愿景和愿望。《周易·系辞上》就提到"方以类聚，物以群分"，该内涵与第三类关系基础较为接近，即具有共同价值观的个体或者组织，他们有着共同的愿景和愿望，同时更容易相互接近并建立良好的关系。此外，关系的建立与维护也是建立在互惠原则、相互信任、公平交往以及面子的基础上的（Hwang，1987）。本研究认为，绿色实践活动不仅给其他组织传递了价值观信号，同时还传递出了可信、互惠预期等相关信号，而这些信号正是关系成立的基础要素。在彼此信任的基础上，可以有效地促进合作、交流、问题解决以及降低机会主义行为的发生（江旭，2008），而这些都会促进双方关系的建立和维持。本研究指出绿色实践与行业内关系呈现正相关关系，行业内关系定义为与企业生产经营活动产生直接联系的一些单位的关系，一般包括顾客、供应商、分销商、同行企业。上述观点主要基于以下原因。

首先，绿色信号可以解决企业与行业内组织或个人间的信息不对称。信号理论认为逆向选择等问题的出现正是因为双方之间存在信息不对称，而企业与行业内其他企业或个人，例如供应商、消费者等建立或者维持关系时，普遍存在信息不对称的问题（张丽君和苏萌，2010）。具体表现在企业日常经营活动中，企业自身和行业内其他组织对企业信息的了解是有差异的，绿色企业熟知自身的绿色文化、绿色价值观、绿色技术等相关信息，而其他企业则无法拥有这些信息。例如，对于生产者向市场提供的产品或者服务，多数消费者或者其他单位并不清楚企业真实的决策动机，也不知道产品是否安全、是否环保。因此，其他企业对本企业在信任度、可靠度、利他性等方面进行评估和度量时，其所掌握的信息相对有限，无法充分地进行判断。在这种情况下，外部个人和组织无法真实地了解企业的决策与动机，甚至还会以戒备和怀疑的心态对待企业。正是由于这种双方信息的不对称，导致了沟通障碍，阻碍了双方之间关系的建立。

绿色实践传递出的绿色信号可以有效地解决企业与外部单位之间的信息不对称问题，这一观点与已有的研究比较一致（Turban 和 Greening，1997；Su 等，2014）。根据信号理论，将绿色实践的企业视为信号发射方，行业内其他企业视为信号接收方，而绿色实践就是传递的信号。绿色实践企业通过把绿色信号传递给其他企业，明确表示在绿色环保方面的态度和价值观。同时，企业在接收到该绿色信号之后，对该信号进行解读和应对。企业的绿色实践行为就被认为是"利他性"行为，因此，可以判定该绿色企业在可信度、可靠度、可托付程度等多方面表现良好，是具有道德良知的企业，同时会对企业产生一种好感（Godfrey 等，2009）。简言之，组织在进行关系建立的决策时，绿色实践的这种绿色信号有效地解决了双方的信息不对称，从而促进关系的建立，降低了双方的信任成本。

具体来讲，绿色实践活动对于行业内的供应商、其他企业、终端客户等都存在积极的影响。绿色消费者是指那些对于绿色产品或服务具有特殊要求和需求的消费群体，他们往往会对绿色产品产生特殊偏好。例如，近年来受绿色消费理念引导的消费者逐渐意识到其消费产品对自然环境的影响，进而希望企业能够提高其环境绩效（Williams、Medhurst 和 Drew，1993）。绿色消费主义的出现，意味着部分消费者更乐意支付额外费用来支持环保产品（Vandermerwe 和 Oliff，1990）。但是，对于这类行业内消费者而言，绿色供给的企业与绿色需求的消费者存在显著的信息不对称，处于信息弱势的消费者并不清楚企业真实的产品安全水平以及是否执行绿色标准。因此，消费者对绿色产品的购买决策会受到绿色知识和产品信息传播的影响。所以，要满足绿色消费者的需求就必须将企业绿色实践的信息传递给消费者，使消费者对企业形成绿色认知（孙剑等，2010）。从消费者的角度而言，其作为绿色信号的接收端，可以对大量绿色信号进行筛选、解读以及判断，进而选择合适的产品和服务。由于消费者与企业接触的第一媒介就是产品或者服务，因此该产品或者服务给消费者传递出有关企业的信息是至关重要的。这种绿色信号促进了消费者对企业的信任度，营造了良好的企业形象，提高了绿色消费者对企业的忠诚度以及对绿色产品销售的支持度，从而促进了双方良好关系的建立。反之，假如企业忽视绿色实践，导致负面信息传递给外界，严重的会造成消费者对该企业和产品进行抵制。此外，绿色消费者通过接收绿色信号，降低了交易成本，为消费者提供了便利，从而获得其信任。

对于供应商而言，在与绿色企业交往过程中，绿色信号的传递可以给予供应商预期的骄傲（Aguinis，2012），即更偏好与绿色企业进行合作。特别是在双方绿色价值观相符的情况下，这种绿色信息可以建立更好的信任机制，同时降低双方成本。绿色企业在绿色供应链环节中，通过要求供应商产品包装进行绿色化等手段，不但可以帮助供应商改善企业形象，更可以为其降低生产成本，达到双赢的目的。沃尔玛的绿色供应链项目启动以来，其绿色实践标准要求其全球 6 万多家供应商严格执行绿色包装，坚决抵制污染环境的包装材料以及包装方面的资源浪费，鼓励供应商采用小纸箱和廉价环保材料进行包装。沃尔玛绿色采购的实施，降低了供应商的材料消耗，使其在包装方面的成本降低了 5%，五年内节约包装材料费用达 34 亿美元。在沃尔玛绿色实践的影响下，供应商受益匪浅。例如，在沃尔玛的倡导和帮助下，江苏紫金花纺织科技股份有限公司及时进行绿色技术创新，在煤炭消耗、污染物排放等方面均有显著降低。同时，紫金花纺织加大绿色技术创新投入，不仅获得了政府认可，而且还开拓了新市场，其绿色实践在同行中处于领先水平。沃尔玛的绿色活动不仅帮助了供应商降低成本，还提高了自身形象，为良好关系的建立奠定了基础。

　　当然，对于行业内其他企业而言，企业绿色实践也可以促进双方的社会关系。由于绿色实践的实施效果是建立在绿色新技术和绿色文化基础上的，绿色实践的企业拥有独特的技术优势或者有特色的绿色企业文化，而这种技术的不平衡就会促进双方之间的交流，创造了彼此相互学习和合作的机会，如绿色技术的转让、相互参观学习等。此外，绿色实践活动不仅传递出预期互惠，同时还加强了同行对绿色企业的信任。随着企业间信任程度的增加，同行之间更多地会考虑共同利益，即通过彼此合作来获取更多的收益（江旭，2008）。苏州诺华德环保空调作为环保制冷行业的先驱者，在环保空调方面具有一定的技术优势，而该企业绿色技术吸引了诸多空调企业来进行参观、交流。在交流过程中，这些企业表示希望把诺华德环保空调公司先进的绿色理念和技术带回公司学习研究，并在相关领域进行技术交流和合作，促进共同发展。诺华德的绿色实践活动，促进了双方的技术合作，双方在预期互惠方面和信度方面都有所提高，促进了双方关系的建立。

　　其次，企业绿色实践可以帮助企业形成积极的道德资本（Godfrey 等，2009），而这种道德资本可以作为隐形资产给利益相关者提供类似保险一样的保护。这种客观存在的道德资本可为企业带来更多的商业机会（McWilliams 和 Siegel，2010），增强企业与利益相关者之间的信任感，促进双方之间的社会关系。同时，从事绿色实践的企业表明其乐意将更多的资源分配到维持与利益相关者的关系中去（Barnett，2007），这种资源供给为双方关系的稳定发展提供了保障。

　　最后，经济学认为企业排污属于负外部性，而绿色实践活动则属于正外部性。企业的绿色实践活动可以使所有人受益，而受益者却无须花费任何代价。这种正外部性包括生产中的正外部性和消费中的正外部性。生产中的正外部性是指企业在生产过程中，通过绿色节能环保技术，大幅降低了社会成本。例如，节约了自然资源，降低了污染对人们身体健康的危害。同时，对于上游供应商而言，绿色的下游企业，属于消费中的正外部性。这种生产和消费中的正外部性，不仅对绿色企业有好处，同时对消费者、上下游等都提供了相应的利益，它从互惠的角度为组织间关系的建立奠定了良好的基础。

基于上述的分析，我们提出以下假设。

假设 2：企业绿色实践和行业内关系呈正相关关系。

本研究中，行业外关系被定义为与企业生产经营活动产生间接联系的一些单位的关系，主要包括上级主管、政府部门、执法机关、党政机关、行业协会、高校、科研机构、媒体、其他行业、社会组织等。同时，本研究指出绿色实践与行业外关系呈现正相关关系，这主要从以下几个方面进行考虑。

首先，与上个假设的逻辑类似，绿色信号可以促进企业与行业外组织建立信任、认同感等关系基础。从信号理论的角度考虑，企业通过绿色实践活动，主动向政府、行业协会和高校等组织传递出绿色信号，表明本企业在绿色环保方面的态度和做法。这些行业外组织本身就会对这类绿色信号产生偏好，他们在接收到该绿色信号时，会对该信号进行解读，而积极的绿色信号降低了双方的信息不对称，促进了彼此关系的建立。

其次，从政府和行业协会的监管成本方面来看，绿色信号表明企业主动响应政府政策，可以降低政府监管成本。政府面对日益恶化的生态环境，受到大众的压力进而督促企业从事绿色实践活动。政府部门通过立法、税收和行政管制等形式，在环境问题上对企业的经营行为提出严格要求。对于环保不够积极的企业，政府需要对其进行监管、整顿与疏导工作，而这些工作无形中给政府增加了大量的成本。而绿色实践的企业，通过主动传递绿色信号，降低了政府成本，可以获得政府的信任。同时，政府的支持又可以为企业带来额外的资源，如土地、合法性地位等（Li 等，2008）。从政府面临的压力方面来看，企业的绿色行为满足了政府倡导绿色环保的要求，减轻了政府的压力，政府可以获得民众的支持和信任。从而这种压力的减轻可以转化为政府对绿色企业的信任与好感，这种信任成为了企业与政府建立良好关系的坚实基础。

再次，企业与政府等监管部门在绿色实践方面的合作和配合，存在预期的互惠，进而可以促进双方的关系。企业为了适应制度环境，避免不必要的制度惩罚，往往会积极地采取绿色实践战略。此时企业不仅仅是环境法规监管和处理的对象，而且从很大程度上会对环境法规的制定产生影响。企业为了掌握环境管制的主导权会主动制定前瞻性的环境战略，一旦成为环保模范单位，就有机会参与或影响未来环境法规的制定，如行业规范和标准等，使其更有利于自身经营发展。企业通过与政府的互动和积极配合，为政府提供绿色案例参考，减轻了政策制定的压力，从而可以获得政府的认可。因此，从互惠的角度考虑，企业绿色实践可以促进企业与政府之间的关系。

最后，绿色实践也可以促进与其他类型的行业外组织之间的关系。媒体作为企业的另一类利益相关者同样会对企业产生重要影响（Gonzales - Benito 和 Gonzales - Benito，2006）。媒体为了吸引读者和观众的眼球，会积极报道一些企业突出行为相关的新闻，例如对严重污染型企业和绿色实践优秀的企业会存在新闻报道方面的偏好，即媒体会更多地曝光企业的污染行为和绿色实践行为。此时绿色企业的绿色实践行为不仅可以为媒体提供正面积极的新闻素材，而且可以获得媒体工作者的积极评价与认可。此外，正如上文所述，绿色实践企业可以通过合法性、企业声誉等获得竞争优势，从而有利于财务绩效的提升。换言之，绿色实践企业意味着良好的财务绩效，因此更有实力将资源投入到媒体宣传等方面。媒体可以从企业获得广告投入等资金支持，而企业也从媒体方面避免了负面报道给企业带来的损失及风险。因此，企业通过绿色实践，与媒体产生潜在的合作机会与互惠机制，可以促进双方的关系。邻近社区居民也是受企业生产活动本身影响的利益相关者。他们可以通过投票、环保非政府组织或者提交公民诉讼等途径来表达抗议，促使企业采取环保措施，进而改善环境污染。研究同样发现，企业通过实施环境管理实践用以改善或维持企业与社区的关系。Henriques 和 Sadorsky（1996）在 1992 年通过对 700 家企业进行调查研究表明，这些企业认为是社区群体的压力影响他们采纳环境计划。Florida 和 Davison（2001）发现企业采纳环境管理系统和污染预防方案与社区群体积极参与呈正相关。企业的发展离不开社团的支持，企业良好的环保战略、产品质量（绿色特性）使社团受益，可得到社团的赞誉和支持，是一种独特的社会资源。企业绿色实践对于高校而言也非常重要，双方存在合作双赢的机制。例如，企业与高校之间良好的校企合作关系，一方面企业可以通过与高校合作，促进创新、提高竞争力；另一方面，企业还可以通过高校完备的人才平台，吸纳更多的优秀人才。高校作为人才供应方，也十分重视企业的形象、声誉等方面的因素。Turban 和 Greening

（1997）的招聘模型同样通过信号理论说明了绿色企业传递出来的绿色信号，可以吸引大量应聘者的注意力，通过共同的价值观、预期待遇等因素，促使招聘者来应聘绿色型企业。同时，绿色企业的绿色信号，不仅给高校，同时也给应聘的学生较强的可信度，为双方关系的建立奠定了基础。此外，近年来国内高校出现的冠名热，把企业和高校的关系又进一步地加深了。但是，冠名的基础是该企业良好的财务绩效、企业声誉、形象等，而高校则会更加偏好绿色型企业。

基于上述的分析，我们提出以下假设。

假设3：企业绿色实践和行业外关系呈正相关关系。

3.3.3　企业社会关系在绿色实践影响财务绩效的中介作用

企业社会关系主要是指企业管理者个人与外部组织或个人之间的特殊联系，它是基于彼此信任、互惠或者认可的一种社会网络。现有文献认为这种社会网络的类型主要包括企业与上下游、同行等组织的商业关系以及与当地政府的政治关系。需要指出的是，在对关系的分类中，过去的研究主要把社会关系分为上述所提的商业关系和政治关系，鲜有学者关注了企业与社区、企业与高校等其他外部关系（Gao等，2008），也就是说，过去的研究中关系的覆盖面存在局限性。而本研究在以往研究分类的基础上，重新分类为行业内关系和行业外关系，弥补了以往分类不全的局限。

本研究所要探讨的企业社会关系与财务绩效之间的关系，已有众多学者给予了关注。他们采用不同的理论、视角和研究方法，从理论推导和实证检验多个角度进行了相关研究，并且对于企业社会关系对财务绩效影响的重要性达成了共识（Fan等，2013）。大量研究指出，在中国这类转型经济背景下，社会关系是企业获得竞争优势的一个重要来源（Peng和Luo，2000）。西方大量华人学者对于企业社会关系在绩效提升方面进行了大量全面的研究，特别是在Xin和Pearce（1996）、Peng和Luo（2000）的两篇较为有代表性的研究之后，大量学者开始关注该问题。由于战略资源的特点是有价值的，稀缺的，不可模仿的，以及不可替代的（Barney，1991），而企业管理者的行业内关系被认为对企业是非常有价值的，因为这些关系能够帮助企业获得显著的资源，如原材料、技术、市场信息、知识以及其他稀缺资源，从而促进企业绩效的提高。

结合社会资本理论，本研究认为行业内关系作为一种资本，至少从以下几个方面促进企业绩效：①企业管理者与供应商建立、保持密切的合作关系，可以帮助公司获得各种类型的原始资源，如高质量的原材料、及时的供货保证、可靠的支付方式等（Peng 和 Luo，2000）。②行业内关系往往会提供很多重要的信息资源，例如市场情报信息，这种信息往往自己无法第一手获得。此外，还有市场导向的产品信息（Heide 和 John，1992）、市场的动态（Lusch 和 Brown，1996）和合作者的相关情报信息（Poppo 和 Zenger，2002）等。③与其他企业的良好关系可以促进相互之间的学习，例如促进合作者之间的互相学习，促进企业间的知识获取、知识转移和知识扩散（Rindfleisch 和 Moorman，2001）。④与消费者良好的关系能够帮助企业更好地了解消费者的品位和偏好，这种行为反过来可以提高消费者忠诚度、总销售量和顾客的回头率（Li，2005）。⑤公司的商业行为代表了公司的声誉，因此密切的商业关系可以帮助企业获得较高水平的合法性（Rao、Chandy 和 Prabhu，2008）。商业合法性地位是一种十分重要的关系资源，它有利于企业间合作伙伴关系的建立和维护，并带来一系列的商业利益（Dacin、Oliver 和 Roy，2007）。

国内的相关研究中，也有很多学者关注该问题。郭海等（2013）基于动态能力理论和权变研究视角，构建了企业社会关系、资源整合、创业导向与绩效间关系的理论模型，并利用大规模样本对所提假设进行检验。结果表明，行业内关系能提升企业财务绩效。倪昌红（2011）基于战略的制度观，通过对企业绩效的细分并引入组织学习这一变量，探讨了商业关系和政治关系分别通过组织学习这一中介变量对企业财务绩效和创新绩效产生不同影响。他们的研究发现，商业关系可以正向积极地促进企业财务绩效。高向非和邹国庆（2008）的实证研究采用基于残差正态分布的有序选择模型对东北地区313 家企业进行回归，研究发现商业关系资本与绩效水平和绩效增长均显著正相关。郭海（2013）基于制度理论，通过 165 家民营企业的问卷调研样本数据发现，社会关系可以通过资源组合、组织合法性以及机会识别等中介变量正向影响企业财务绩效。

基于上述的分析，我们提出以下假设。

假设 4：行业内关系和企业财务绩效呈正相关关系。

行业外关系是指企业与政府、行业协会、高校、媒体等与企业生产经营间接相关的组织间关系。本研究认为，与行业内关系类似，行业外关系也可以有效地促进企业财务绩效。虽然部分观点与假设 4 的内容一致，但行业外关系也存在以下几个特殊元素：

首先，企业政治关系可以为企业提供资源与合作机会等。政府控制着大量的稀缺资源，如土地、补贴、特别优惠和税收减免。企业管理者与政府官员等保持良好的关系，可以帮助企业在环境高度不确定的情况下，便捷地获得战略资源（Khwaja 和 Mian，2005；Faccio，2006）、信息和知识（Acquaah，2007）。社会资本理论认为企业的竞争优势不仅来源于公司层面的资源，同时来源于嵌入动态网络关系中难以模仿的能力（Dyer 和 Singh，1998；Lane 和 Lubatkin，1998）。而企业与政府的这种紧密关系也是一种难以模仿的能力，它可以帮助企业获得竞争优势。

其次，行业外关系可以为企业提供及时的信息，降低环境不确定性。而良好的行业外关系可以帮助企业优先于竞争对手获得这些信息和特殊利益（Hillman、Zardkoohi 和 Bierman，1999）。此外，环境不确定性已经成为影响组织效率的重要因素之一，随着环境变得愈发复杂和动荡，公司就会采取各种方式来应对逐渐增加的不确定性环境。而行业外关系通过为企业提供的大量市场的情报以及进入这些市场的途径等信息，有效地解决了环境不确定性的问题（Yiu 等，2007）。因此，行业外关系就成为一种可以降低动态环境不确定性的有效实践方式（Yiu 等，2007），进而帮助企业获得竞争优势，提高财务绩效。

再次，企业的政治联系可以为企业提供政治合法性（Legitimacy），或者说政府认为该企业所从事的生产经营活动是安全、合适、合法的（Suchman，1995）。这种政治合法性地位可以为企业带来特殊的政府支持、有利条件和其他战略资源。例如，在企业受到不正当竞争行为时，政治关系所提供的政治支持可以为企业提供保护，使企业免受财务损失。因此，从合法性的角度而言，政府关系也可以提高企业财务绩效。

最后，企业与银行、媒体、科研单位之间的关系也可以促进企业的财务绩效。具体如下：银行更愿意为那些与自己保持良好关系的企业提供长期资金贷款（Yiu 等，2007）。企业与银行等金融机构的良好关系意味着双方之间存在相互信任、互惠预期等基础，而这些基础可以为企业获得优质贷款，拉开与竞争对手之间的距离。媒体作为舆论制造者和传播者，其传递的信息将决定企业的生存。例如，2015 年央视的"315 晚会"对路虎公司的汽车质量进行披露，该新闻为消费者提供了重要的信息，同时造成了路虎公司短期内严重的销售压力，并不得不采取车辆召回的方式进行弥补。此外，与高校等科研机构建立良好的社会关系可以为企业提供优秀的人力资源，同时促进产学研合作，为企业减轻研发、创新压力，间接提高财务绩效。

基于上述观点，企业和政府、媒体、高校等外部机构的良好关系可以为企业提供多种资源和能力，进而促进财务绩效。因此，我们提出以下假设。

假设5：行业外关系和企业财务绩效呈正相关关系。

目前，越来越多的学者关注信号理论在管理学研究中的重要作用（Su等，2014）。特别是在企业社会责任领域，信号理论能够更为清晰地解释企业为何从事社会责任的问题（Montiel 等，2012；Ramchander 等，2012）。例如，King 等（2005）发现 ISO14001 这类环境管理系统的管理标准认证，可以将企业不可观测的绿色信号传递给外界，承诺其不会采取机会主义。同时，该绿色信号的传递可以给外界提供必要的信息，降低双方的信息不对称，避免潜在的机会主义行为。值得注意的是，关于信号理论对于绿色实践影响企业社会关系的解释，以及与社会资本理论的整合，目前仍然缺乏研究。特别针对中国这类转型经济体的研究将更有助于推进理论方面进一步深入探讨。

本研究试图为信号理论与社会资本理论相结合的研究框架提供数据支持与理论参考。以我国转型经济为背景，研究企业社会关系可能在绿色实践与企业财务绩效关系中发挥的中介作用。正如上文所提到的，绿色实践是企业为了满足利益相关者而制定的战略，通过传递出绿色信号，有助于企业获得良好的企业形象，赢得其他组织或个人对绿色企业的信任，从而与内外部建立良好的社会关系。同时，企业社会关系作为社会资本，可以为企业带来例如稀缺资源、合法性地位等诸多利益，获得竞争优势。因此，我们认为企业绿色实践之所以会有助于企业财务绩效的提高，关键在于绿色实践有助于企业与行业内外建立良好的社会关系。换言之，企业社会责任在绿色实践与企业财务绩效二者关系中可能扮演着十分重要的中介角色。综上所述，企业社会关系（行业内、外）对于绿色实践与企业财务绩效关系的中介作用可以解释为：①绿色实践对企业社会关系（行业内、外）有正向影响；②企业社会关系改善（行业内、外）对企业财务绩效有正向影响。综合上述假设推导，我们可以提出如下假设。

假设 6：行业内关系是绿色实践影响财务绩效的中介机制。

假设 7：行业外关系是绿色实践影响财务绩效的中介机制。

3.3.4　竞争强度的调节作用

战略管理领域的学者认为市场竞争强度作为一个极为重要的市场驱动力，代表了市场中竞争的影响情况（Jaworski 和 Kholi，1993），会对企业的动机和行为产生影响（Li，2005），甚至会直接影响企业绩效（Wu，2012）。同时，市场竞争强度也是计划经济向市场经济转型过程中的一个重要特征（Peng，2003）。在这种转型过程中，伴随着越来越多的公司进入新兴经济体，中国市场中的企业不得不面临越来越多的竞争者（Luo，2003；Zhou 等，2005）。现有研究中，有学者把竞争强度作为情境变量，研究其对其他变量间发生作用的权变影响，例如 Chan 等（2012）、Wu（2012）、Yang 和 Li（2011）等。但是在绿色实践领域，相关的研究还不多。因此，本研究从市场环境的角度出发，认为竞争强度的增大会限制绿色实践对企业社会关系的价值体现。主要从以下几个方面进行考虑：

首先，竞争环境下绿色信号内容的真实性会受到影响。在竞争强度较低的市场环境中，企业面临的竞争对手数量较少，竞争较为缓和（Song 和 Parry，1997）。因此企业在面对平缓的市场竞争环境的时候，将不会有较大的压力和动力来进行大规模绿色实践，除非是真正的"利他性"社会责任。在这一宽松的背景下，企业从事绿色实践活动是一种非必要行为，是自发的企业社会责任体现。但是，在竞争强度较大的环境中，企业面临的不确定性增加，更多、更复杂的交易可能随之发生（North，1990）。激烈的市场竞争会导致价格竞争、同质性产品、市场营销技术的高强度使用、广告战以及促销行为等（Porter，1980）。企业在面临更低的利润率和更少的组织冗余资源时，不得不提高生产经营效率、降低产品价格（Kohli 和 Jaworski，1990）、修改或者扩展目前的产品或者服务。例如，企业会积极地通过绿色实践，以便在竞争环境中获得竞争优势（Lumpkin 和 Dess，2001）。此时的企业绿色实践行为，其绿色信号的内容就被曲解了。从信号端的解释情况来看，外部组织或个人对绿色企业的认识会发生变化。面对激烈的市场竞争，企业更倾向于提供差异化的产品和服务来有效地降低其他竞争对手的竞争压力（许政，2013）。因此，在高强度的竞争环境下，企业从事绿色实践活动容易被解读为企业的一种差异化竞争战略。例如，竞争激烈的市场环境中，绿色企业的绿色实践战略传递给消费者、供应商以及同行业绿色信号。而绿色信号由于竞争强度环境的影响，信号清晰度会受到影响，因为竞争者也会通过模仿等形式同样传递绿色信号。同时，行业内组织或个人在接收到绿色信号时，对绿色信号的解释也会发生异常。这种绿色信号会被认为是企业"利己"的差异化战略信号，而非"利他"的绿色环保信号（He 和 Nie，2008）。

其次，竞争强度会削弱绿色信号。高竞争强度意味着同行间存在技术竞赛、价格战等竞争行为（Van Heerde 等，2008）、消费者对产品拥有更多的选择（Kohli 和 Jaworski，1990）等，但同时也意味着市场中会存在较多的绿色信号。企业绿色实践作为企业获得竞争优势的源头，势必是诸多竞争者较为关注的内容。所以，在竞争强度高的环境中，大量企业都非常重视绿色实践，绿色实践活动将会变得较为流行与普遍（Su 等，2014）。在这种情况下，单个企业的绿色信号在进行传递时，信号强度被相对减弱，同时还会在接收信号阶段发生故障。例如，企业通过研发绿色产品获取绿色证书等形式，试图将本企业的绿色信号传递给消费者。但是在竞争强度激烈的情况下，市场中存在大量绿色产品与相关信号。消费者很可能会忽略该企业的信号，甚至信号无法顺利传递给消费者，从而导致双方之间信息不对称的情况得不到改善。

再次，绿色实践会给企业带来资源方面的压力，绿色实践的作用效率受到影响，从而影响绿色实践对企业社会关系的影响。具体而言，竞争愈发激烈的市场中，新的规章制度出台，市场支持的正式制度出台，公司需要在价格、产品和质量方面与竞争者对抗（Guthrie，1998；Peng，2003）。价格战、广告战、服务战等竞争形势导致企业内部资源的极度稀缺和资源配置的高度倾斜，企业为了适应激烈的市场环境，需要把更多的资源配置到更为重要的生产经营和竞争行为方面，以应对逐渐激烈的市场环境以及正式化的市场支持制度。企业在资源极度稀缺的环境下，仍必须关注法律、规章制度，从而导致在绿色实践方面付出不够。而资源投入的不充分，就会影响绿色实践对企业社会关系的影响。虽然现有文献已经支持行业内关系可以帮助企业获取外界资源，但是这类关系的建立和维系本身就需要一定的成本（Chen 和 Chen，2004）。因此，竞争强度较大的环境下，资源的极度稀缺会影响绿色实践对社会关系的促进作用。

最后，高度的竞争强度环境导致绿色实践成为短期导向，合作机会降低。

在竞争强度较大的环境中，企业更多地会考虑如何增强其本身在目前市场中的地位，而不是追求长期的目标，因为长期目标需要更多的耐心和对应的承诺（Das 和 Teng，2000）。简言之，处于高度竞争强度下的企业更多地关心短期利益而非长远的未来竞争优势（Porter，1980）。在这样的情况下，公司可能会采取欺骗、扭曲信息、重新配置资源等以利于自身发展的机会主义行为，但是这样的行为并不利于企业的信誉（Wu，2012）。换言之，市场竞争强度会暗中破坏双方之间的相互信任，而这种信任是双方建立良好关系的基石（Das 和 Teng，2001；Wu 和 Pangarkar，2010）。当双方缺乏相互信任时，他们趋向于追求机会主义行为来提高自身的利益。机会主义行为会增加双方之间的怀疑程度，降低共同学习带来的利益（Das 和 Teng，1998）。双方关系建立的基础不稳固，则关系也难以维系。此外，竞争激烈的环境迫使企业在知识溢出方面较为保守，企业更多地采取多输入、少输出的知识转移战略，目的在于自身竞争优势的维持。因此，绿色知识流动的障碍，导致了企业与企业间合作的困难。因此，面临高度竞争的市场环境，企业会发现很难来吸引高质量的合作者（Li 等，2008）。例如，对于企业和同行业竞争者而言，企业为了生存就必须赢得学习战，即学习新知识的能力要比竞争者更强（Wu，2012）。企业管理者更关注公司对市场需求的反应，且争取要在竞争者之前把握市场信息。因此，由于竞争意识的存在，企业会怀疑彼此合作带来的价值。同时，这样的竞争行为会影响双方的合作意图，影响双方彼此的信任程度，而这些恰好都是双方关系建立的基础。企业绿色实践会被竞争者视为对自己的一种威胁，会直接影响自己的利益，因此同行业会对该绿色行为持谨慎态度。因此，根据上述论断，竞争强度大的环境下，企业绿色实践影响与行业内组织之间关系的作用会减弱。据此，我们提出以下假设。

假设 8：竞争强度越大，绿色实践对行业内关系的影响越弱。

竞争强度同样也会影响绿色实践对行业外关系的影响，本研究认为竞争强度会负向调节绿色实践对行业外关系的正向影响。部分观点与上述假设 8 类似，但也存在几个不同因素：

首先，竞争环境下社会关系建立和维系的成本过高，会影响绿色实践的作用效果。我国企业与政府等外部机构建立关系，虽然可以给企业带来贷款、土地、优惠政策等利益，但是维系该关系需要大量资源投入（Li 等，2009）。这种为了维护关系产生的安排会严重影响组织效率，这对企业来说也是一种额外成本与负担（Li 等，2009）。特别是在竞争激烈的市场环境下，供求均衡中无法预见的变革时有发生，企业因此处于一种易受攻击的位置（Ang，2008）。企业一方面要投入资源建立关系，一方面又要投入资源进行必要的生产竞争。高竞争强度环境中资源的不稳定和分散性（Ang，2008），导致企业不得不关注极为有限的内部资源来面对竞争带来的负面影响，以维持需要的绩效水平（Lahiri，2013）。因此，企业受到稀缺资源的影响，很难在绿色实践与社会关系方面都进行大量投入。相反，在宽松的环境下，企业将有更多的冗余资源投入到绿色实践中，此时绿色实践的作用效率会得到提高。所以，本研究认为竞争强度会负向影响企业与外部组织间关系的培养与维系。

其次，从信息的角度考虑，政府、高校等行业外机构由于与企业经营间接相关，因此与上下游等行业内组织相比，拥有企业的信息量更少。绿色实践可以缓解该信息不对称的问题，但是竞争强度的增大导致组织对高质量信息的需求增加（Luo，2003）。这就意味着需要更强、频率更高的绿色信号，才能满足政府、行业协会等对企业绿色信号的需求。由于竞争强度的增大，导致行业外组织这种信号满足度降低，信息不对称性的问题尚存。此外，Ang（2008）指出在高度竞争的环境下，企业很难吸引其他的合作者，合作机会也会大幅减少。所以，双方之间的关系也难以得到发展。例如，对于媒体而言，在选择合作企业时，由于选择范围较广，则不会轻易地与某家企业合作，而会通过其他方式为媒体自身谋利。因此，竞争强度高的环境下，企业很难与媒体建立合作关系。

最后，与假设 8 的观点较为类似，竞争强度会曲解和削弱信号。我们认为政府、社区、行业协会等其他企业外部组织或个人在接收到企业的绿色信号后，会对该信号的内容本质、真实性等方面进行评价。但是，由于受到竞争强度这一权变因素的影响，外部组织会认为企业的该绿色信号的本质目的是为了在竞争激烈的市场中获得竞争优势，从而追求自身利益。相反的，在竞争强度较低的市场环境中，企业面临的生存压力较小，对竞争优势的渴望相对较低（Li，2005）。简言之，竞争强度较小的情况下，企业从事绿色实践活动并非是必需的。因此，在这种情况下的绿色实践行为可以被视为一种自发的、利他的社会行为。而这种行为可以极大地提高政府、社区等组织对绿色企业的信任程度，提高企业形象，从而促进双方关系。类似的，竞争强度增大会削弱企业的绿色信号。例如，企业进入高校进行招聘时，若采取专场招聘会的方式，仅企业一家面对众多应聘者，那么企业的绿色理念、绿色实践等信号可以顺利地传递给应聘学生。但是在竞争激烈的情况下，即与其他企业一起采取大型招聘会的方式，就会由于企业众多、信号繁杂导致应聘者很难接收到该企业的绿色信号。

基于上述分析，我们提出以下假设。

假设 9：竞争强度越大，绿色实践对行业外关系的影响越弱。

3.3.5　恶性竞争的调节作用

Li 和 Atuahene – Gima（2001）将恶性竞争定义为企业在市场中遇到的不正当竞争、机会主义以及违法行为。恶性竞争是一种制度情境的特征，是制度不完善的体现。North（1990）认为制度情境包括非正式约束（制裁、禁忌、风俗、习俗）和正式规则（执行有效性）。而恶性竞争正是代表了转型经济的一个重要环境维度，体现了在执行有效性方面的不足。在转型经济下，亟须建立和完善规范市场竞争的各种制度。由于法律框架的不完善，产权保护意识较差，导致企业采取投机和非法行为的现象时有发生（如伪造商标、抄袭专利等）（Nee，1992；Peng 和 Heath，1996）。甚至在某些情况下，当局会采取缄默支持的态度（Tsang，1996）。例如，侵犯专利和版权、毁约以及不正当竞争行为（Guo，1997）。

本研究认为，恶性竞争影响企业从绿色实践中获得收益的效果，同时也会影响绿色实践对企业社会关系的作用。这主要基于以下几点原因：

首先，恶性竞争环境可以凸显绿色信号的积极性。虽然绿色实践传递出的积极信号可以给行业内消费者提供参考，但该信号在传递过程中会受到不同制度环境的影响（King 等，2005；Montiel 等，2012）。在恶性竞争环境下，企业绿色实践会导致绿色技术、绿色文化等知识产权无法得到相应的保护。因此在这样的环境下，企业认为从事绿色实践投资是一件高风险的行为，也许并不能为企业带来理想的利润。在这样的环境背景下从事绿色实践，虽然承担巨大的风险，例如被模仿、诋毁等，但是行业内组织在对该绿色信号进行解读时，会放大其绿色积极性。例如，对于消费者而言，绿色企业在恶性竞争的环境之中，不仅没有污染环境以获取更高的利润，反而积极地从事绿色实践行为。对于消费者而言，企业传递出的这个绿色信号是从消费者和大众的利益出发，而非为了自身利益。而其他进行恶性竞争且非绿色公司，不但没有努力学习优秀的管理理念，反而一味地通过不正当竞争来获得竞争优势。这种竞争行为是为了自身利益，损害了消费者的切身利益。因此，在恶性竞争的环境下，企业绿色实践行为可以提高消费者对其信任度，提高企业形象，增强企业的好感（Goodwill），从而促进双方关系（Godfrey 等，2009）。例如，在电子商务领域，亚马逊一直以来都处于恶性竞争的环境中，经常受到恶性价格战等行为的影响。但是，针对极具环保意识的消费者，亚马逊在绿色实践方面，推出了新的绿色购物网站：Vine。Vine 要求销售的商品必须在设计之初就没有任何有害毒素，采用能源利用率高、天然有机的可再生能源和可以重复利用、有利于人类可持续发展的材质。除了供应绿色产品之外，Vine 还迎合了一些其他的关注公益的购物趋势，比如一部分产品的生产地址是在消费者居住地附近，这样可以减少运输途中的能耗，对环保事业也能有促进作用。亚马逊的绿色购物网站立即吸引了环保消费群体，并获得一致好评。

其次，恶性竞争环境表现出更严重的信息不对称，但是绿色实践可以有效地解决这一问题，进一步体现其价值（Su 等，2014）。因为在制度完善的环境下，行业内利益相关者可以较为便利地获得各类信息资源来对企业进行评估，此时绿色实践传递的信号对行业内组织或个人而言，价值较不明显。反而在制度不完善的情境下，外部利益相关者无法顺利获得企业信息，而企业更偏好通过其他方式向利益相关者传递信号，如绿色信号。制度缺失表现出更为严重的信息不对称现象，因此，在这种制度环境下，企业信号可以体现出更高的价值（Montiel 等，2012）。相反的，对于那些非绿色企业，由于恶性竞争环境导致其与行业内利益相关者之间存在严重的信息不对称，此时消费者会更容易地对绿色企业产生信任与认可。

最后，恶性竞争背景可以凸显绿色实践企业的合法性地位。侵权、仿造等不正当竞争行为都是由于法律不完善导致的，而此时机会主义会唆使更多的企业放弃绿色实践。与众多无视法律和制度的恶性竞争企业相比，绿色实践企业可以主动地获得合法性地位（Legitimacy）（De Roeck 和 Delobbe，2014）。而这种合法性正是由消费者、经销商等行业内利益相关者对企业的主观评价，且能够促进绿色企业与行业内组织之间的相互认同与信任感。此外，绿色实践可以被视为企业弥补制度缺失的一种有效机制，因此在恶性竞争的环境下，绿色实践的作用价值可以被放大（Benabou 和 Tirole，2010）。

基于上述分析，我们提出以下假设。

假设 10：恶性竞争增强绿色实践对行业内关系的正向影响。

恶性竞争同时也会影响企业将绿色信号传递给政府、高校等行业外机构的效果。本研究认为恶性竞争会正向调节绿色实践对行业外关系的影响作用，部分观点与假设 10 类似，但也存在几个不同原因：

首先，绿色实践在恶性竞争的环境下，可以有效地帮助政府等外部监管机构降低监管成本。恶性竞争环境意味着政府、行业协会等由于目前制度的不完善，无法有效地对企业进行监管。即便可以实施，但是监管成本较高，给政府、行业协会等带来的负担较重（Johnson、McMillan 和 Woodruff，2002）。此时，绿色企业通过绿色实践发射出的绿色信号，传递出企业在监管不够严格的情况下，依然自觉为社会服务的态度。而这种积极态度增加了政府、媒体、行业协会等组织对绿色企业的信任度，为双方关系的建立奠定了良好的基础。

其次，恶性竞争环境下，通过绿色实践建立行业外社会关系的动机更强。中国企业在面对恶性竞争时，由于制度的不完善，无法通过正规的法律渠道来获得相应的保护（Li 等，2006）。同时，我国目前的法律制度存在较大的操作空间，政府等相关监管机构的职能具有较多的自由裁量权（张祥建和郭岚，2010）。在这种情况下，企业对于社会关系的依赖程度较高，且需要通过政府等相关机构来应对恶性竞争的市场环境。尤其是在制度存在缺陷的转型经济体内，企业社会关系是应对动荡的外部环境的重要手段之一（Xin 和 Pearce，1996）。所以，恶性竞争的环境会促使企业采取绿色实践战略，通过获取合法性地位等政府支持来与政府保持良好的社会关系，进而规避各类风险。也就是，恶性竞争的情境可以促进企业对绿色实践的投入，同时会促进绿色实践对社会关系的正向作用。同理，在恶性竞争不明显的制度环境下，表面法律等相关制度较为完善，企业的相关利益可以得到保障。此时，公司对社会关系的依赖也会降低（Bartels 和 Brady，2003），从而将大大削弱绿色实践对社会关系的影响。

再次，与假设 10 部分观点类似，恶性竞争环境下行业外组织对企业的信息掌握更少，更可以体现出绿色实践信号传递的价值。正如之前所述，恶性竞争是一种制度特征，是制度不完善的表现。当法律制度框架无法对污染型企业施加压力，无法进行有效的惩罚时，非法或者不正当的竞争行为就会泛滥。例如，欺诈广告、侵权、违反合同、伪造等不正当竞争行为在市场中流行，极大地扰乱了经济秩序（Ho, 2001）。缺乏完善的法律制度，公司很难通过正规的法律过程来获得保护以对抗不正当行为（McMillan 和 Woodruff 1999）。此外，制度缺失的环境会导致企业与外界更为严重的信息不对称问题（Su 等, 2014）。尤其是政府机构、行业协会、高校等与企业经营活动间接相关的组织，其对企业掌握信息的程度有限，而恶性竞争会加深这种信息不对称。此时，企业的绿色实践可以有效地弥补该问题，解决信息不对称，使政府等行业外机构加深对企业的了解。换言之，恶性竞争的环境促进了绿色实践的价值体现，有助于加强企业与政府等行业外机构之间的信任。

最后，恶性竞争可以凸显绿色企业的绿色形象，促进双方合作。恶性竞争环境中存在大量的机会主义行为（Williamson, 1985），意味着企业完全可以摆脱绿色实践的压力。而此时的企业绿色实践动机就相对明确很多，即通过绿色实践来为社会服务，完善企业社会责任。然而这一积极信号可以传递给每个民众和组织，特别是媒体、高校等机构。对于媒体而言，恶性竞争背景下充斥着各类不正当竞争的新闻素材，对于出淤泥而不染的绿色企业，其绿色新闻恰好为媒体提供了新鲜素材。换言之，我国企业绿色实践的概念和做法与西方相比，还不够流行和普遍。而实施绿色实践的企业，其绿色信号会吸引媒体对它的关注（Su 等, 2014）。由于绿色实践的罕见情况，媒体记者会更青睐于发布这类绿色实践的新闻。同时，媒体自身也会在评价绿色行为时给予正面响应，媒体自身对绿色企业的好感和信任度也会大幅提高。对于高校而言，企业作为其重要的产学研合作对象之一，以及历年人才输送单位，企业的正面形象也极为重要。在恶性竞争的环境下，企业绿色实践传递出的信号，可以加强高校和应聘学生对企业的信任度和好感。综合上述分析，我们提出以下假设。

假设 11：恶性竞争增强绿色实践对行业外关系的正向影响。

3.4 小结

本章在以往研究的基础上，结合中国企业的管理实践，提出了绿色实践、企业社会关系、竞争强度、恶性竞争以及企业财务绩效的研究框架，具体分析了绿色实践对于行业内关系、行业外关系的影响，以及竞争强度和恶性竞争在这一过程中的调节作用，最后还分析了企业社会关系在绿色实践影响企业财务绩效方面的中介作用。本书在研究框架的基础上提出了 11 个研究假设，具体如表 3-1 所示。

表 3-1　假设的归纳

假设编号	假设具体内容
假设 1	企业绿色实践和企业财务绩效呈正相关关系
假设 2	企业绿色实践和行业内关系呈正相关关系
假设 3	企业绿色实践和行业外关系呈正相关关系
假设 4	行业内关系和企业财务绩效呈正相关关系
假设 5	行业外关系和企业财务绩效呈正相关关系
假设 6	行业内关系是绿色实践影响财务绩效的中介机制
假设 7	行业外关系是绿色实践影响财务绩效的中介机制
假设 8	竞争强度越大，绿色实践对行业内关系的影响越弱
假设 9	竞争强度越大，绿色实践对行业外关系的影响越弱
假设 10	恶性竞争增强绿色实践对行业内关系的正向影响
假设 11	恶性竞争增强绿色实践对行业外关系的正向影响

4 研究方法

　　本研究采用目前战略研究领域较为流行的实证研究方法来对理论假设部分进行检验，即通过调查问卷和深度访谈的方式进行数据收集工作，并进行量化统计分析，从而验证理论假设是否成立。科学研究需要严谨的思路和过程，而管理领域的实证研究就包括理论分析中所涉及相关变量的度量以及如何用合适的统计学方法对数据进行处理和分析。构念度量的工作又包括设计、制作相关量表、量表质量的控制等。因此，本章将分别从采样和数据收集、量表的设计、变量的测量、数据的处理以及数据的分析几个方面进行阐述。

　　本章内容一共分为以下几个部分。首先，阐述了问卷的制作过程，包括说明制定的思路、修订和质量控制等工作。其次，说明了采样的方法和过程，包括了调研对象、预调研和问卷的发放和回收工作。再次，描述了理论中相关构念的定义和测量，将变量进行数据的可操作化处理。最后，本章还阐述了本研究过程中需要采用的数据处理方法。

4.1　数据的收集

4.1.1　问卷设计

　　本研究属于课题组的一部分内容，通过前期的文献检索，理论准备和专家调研，课题组设计了针对绿色实践、社会关系、市场环境和制度环境等方面的调研问卷。调研对象既有民营企业也有国有企业，既有大型企业也有中小型企业，既有东部沿海企业也有西部企业。下面，对调研数据收集工作进行详细说明。

　　本研究中的问卷分为两个子问卷，由问卷 1 和问卷 2 组成。其中大部分指标由我们通过查询已经正式发表的顶级期刊所选用的度量指标所组成，包括绿色实践、企业社会关系以及企业财务绩效等相关变量。同时，将问卷中部分重复的问题进行了剔除，并整理出我们所需要的原始英文量表。

鉴于本研究中的调查问卷指标很多直接由国外文献提供，因此我们结合我国实际情况对具体的度量指标进行了有针对性的调整。我们还结合中国的具体情景将英文问卷翻译成中文。翻译的质量是需要解决的问题，为了达到"信、雅、达"的三标准，我们采用回译（Back Translation）（Brislin，1980）的方式，从而保证问卷翻译的质量。具体如下：首先，由四位有着较好学术背景的博士研究生将现有英文量表进行翻译，同时保证每一指标均由两位博士生进行独立翻译。其次，为保证翻译结果的准确性和完整性，将不同翻译人员的译文进行核对及修改。在所有题项都翻译核对后，进行统稿和校正工作，以保证问卷中问题语言的通顺和问题的准确性。最后，翻译结束后，请西安交通大学管理学院的一位海外兼职教授（华人，熟练掌握中、英文）对中文和英文问卷进行核对和修改，再次确保翻译的准确性。由此得出我们的最终问卷。

4.1.2　调研过程

1）预调研

在问卷初步设计完成之后，我们首先采用了便利取样的方式，以西安交通大学管理学院的 18 位 MBA 学生所在的企业为对象进行了预调研。预调研一方面可以确保问卷适合并反映我国企业在转型时期的特点和现状，使问卷的内容和结构涵盖研究的各种问题，使本研究的问卷内容与我国企业发展现状相符；另一方面能够尽可能地消除由于调查方法和文字表述不当等原因带来的问题，保证问卷的可理解性，确保调查结果的准确性并降低由此带来的损失。企业层面调研的对象为企业的高层管理者（主要是总经理和副总经理）。在预调研之前，我们的调研组成员与被试者之间进行了面对面的沟通和交流，将预调研的目标、调研对象的选择等内容向被访问者进行详细讲解和说明，然后由被访人员回答问卷中的每项内容，同时收集问卷中存在的问题以及被访问者对问卷本身设计提出的疑问。

例如，受访者对原问卷反映出来较为难懂的问题，我们采用更简单易懂的语言进行重新表述，但是却不改变问题的原意。问卷中，某些表述不清的问题以及敏感性的问题，我们更换了表达方式，使得问题更为合适、更为简单明了。对于受访者反映的某些存在争议的问题，我们通过对比原文献，确定是否的确存在问题并及时修正。最后，对于问卷的布局和结构，我们根据受访者的反馈意见进行修正，以确保问卷的可接受性。

同时，我们调研组承诺，本次调研的问卷内容仅仅用于科学研究，并且留下了调研组成员的电子邮件地址和移动电话号码，以便在后期受访者遇到问题需要反馈时，能及时和调研组取得联系。预调研结束后，由访问者就调研中发现的问题共同讨论，对问卷做出相应修改。修改后的中文问卷交由精通中英文的外籍教授审阅和修订，确保符合英文问卷的原意，并最终形成正式调研问卷。但是，预调研仅用来测试并确保问卷的质量，其回收的数据并没有被录入正式的数据库中，并未用来检验本研究中的理论假设。预调研结束后，我们采用修正过后的正式问卷进行调研。

通过预调研，主要实现两方面的目的：首先确保问卷问题设计能够全面反映出不同背景企业现状，问题和选项的提出能够准确表达欲研究问题；其次通过被调研者的反馈，将词不达意或引起歧义等文字表达问题尽可能消除，使得整个问卷设计更符合被调研人的思维和填写习惯，从而使得调研结果更为准确。

由于目前对企业高层管理人员的问卷回收率都比较低，例如，Gaedeke 和 Tooltelian（1976）指出高层管理者的回答达到 20% 就是可以接受的。在保证问卷回收率方面，本研究采取了下列办法：①采用结构化方法进行问卷设计工作。将所有问题按照研究方向和类型分为大类与小类，有助于填写问卷人的理解；②调研人员不仅需要熟悉和了解问卷中所有相关调研内容、问题和指标，还通过培训掌握了调研的技巧和应注意的问题；③小组成员需向填写问卷人承诺对于所有回答保密，并对填写问卷人的所有问题给予明确的回答。通过这些手段，我们提高了问卷的回收率和准确率。

2）正式调研

为了保证调研人员和调研对象的有效沟通，我们对调研人员开展了进一步的培训，并统一了调研的规范程序。这些调研人员由本研究领域具备一定研究能力的五位博士生组成，且参与了预调研及其后的问卷修订工作，对问卷有一定的理解，对其培训的内容包括问卷中每个测量指标的含义，调研中的沟通技巧和基本流程，主要的联系人、企业的通讯录及调研的组织方式等。

本次调研的基本对象是企业的高层管理人员和熟悉创新状况的中层管理者，包括总经理、副总经理等。调研的基本程序是由各省的联系人通过电话或邮件事先说明此次调查的目的、调研对象等情况，并询问该企业相关联系人参与本次调研的时间和方式。在获得初步同意之后，由调研人员按照约定时间和地点到该企业进行调研。问卷填写之前，先向被调查者解释问卷中的有关问题，同时做出保密申明，向对方说明调研的目的和用途，强调调研结果只用于科研，对外保密，并在填写过程中对被调查者予以指导。我方人员对于课题以及问卷进行简要的介绍，并对相关问题进行详细解释，问卷回答工作都在调研员的辅助下完成。在问卷回收过程中，我们对问卷进行统一编号，同一编号下对应内容相同的 A、B 两份问卷。一家企业由两位访问者同时对两位高管进行面对面调研，当场填写 A 卷和 B 卷，并在问卷完成后现场进行初步审核，发现漏填及时询问补充。如果问卷中出现连续相同回答的情况则进行作废处理，否则要根据受访人的时间等重新进行调研。此外，把有效填写率未到 95% 的问卷进行作废处理，同样需要与受访人沟通并争取补足选项。拿回问卷后，对 A、B 卷进行仔细核对，就答案差异较大的题项再次致电或上门分别确认。通过上述的方法，对数据来源进行控制，使得我们的研究有效地控制了共同方法偏差的问题。

3）问卷整理

调查结束后利用微软 Access 2003 软件，根据预先设计好的数据格式，建立了相应的数据库。为确保问卷录入工作的准确性，我们采取问卷分组录入的方式，即同一份问卷分别由两个人录入。在完成录入后，将两套数据进行核对及纠正，直到两人录入的结果达到一致为止。为了对问卷中问题的有效性进行验证，我们检验了问卷中题项的区分效度问题。首先，我们将有效样本按照每个样本所有问题的得分加总进行分组，其次，将总分按照高低进行排列，将排序前 27% 的样本作为高分组，将排序最低 27% 的样本作为低分组，然后求出每一个问题在高分组和低分组的平均分，再对上述平均分作 T 检验，检验上述高分组和低分组在每个问题上的差异性。如果这两者间存在显著性差异，那么这个问题就是有效的；反之，如果没有显著性差异，那么这个问题就是无效的（吴明隆等，2000）。本研究的 T 检验结果说明，所有变量的测量指标在区分效度方面没有问题。

4.1.3　样本的基本特征

1）样本特征描述

本研究的数据是通过问卷调研的方式获得，为了避免研究结果由于经济差异和地域文化导致的系统性误差，本次调研对象的地理区域涉及到我国东、中、西多个省份，分别以江苏、山东、广东、河南、陕西五个省、市、自治区的企业为发放问卷的对象。其中广东、江苏和山东属于中国东部发达地区，市场经济机制相对较为完善。河南、陕西等中西部省份市场经济发展较为落后、制度方面也可能相对较为落后，这为我们研究非市场机制对于企业发展起到的作用提供了有效的样本。

本次调研共发放了 500 份问卷，最终收回 252 份问卷，其中有 14 份问卷因为数据不完善或不齐全等原因而被废除，所以本研究收回有效问卷为 238 份，问卷回收率达到 47.6%。因为本研究属于企业战略层面，所以调研对象大多是高层管理者，故对企业高层管理者的问卷回收率达到 20% 就是可以接受的（Gaedeke 和 Tooltelian，1976）。因此，同国外同类调研相比我们的回收率还是非常高的。其主要原因是：①与政府等相关部门合作。由于我国企业与政府之间的关系紧密，因此借助政府相关部门更有利于问卷的回收。同时，由于关系在中国社会的重要性，通过各种社会关系与调研对象的接触，也能获得比较好的调研效果。②我们承诺在调研结束后将调研的结果和形成的报告反馈给被调研企业，这也激励企业高管认真填写问卷，从而提高调研问卷的回收率。有效问卷的省份分布、数量及百分比如表 4 – 1 所示。

表 4 – 1　有效问卷的地区分布及所占比例

序号	地区（省份）	有效问卷数量	所占百分比（%）
1	广东	9	3.8
2	山东	70	29.4
3	江苏	28	11.8
4	河南	71	29.8
5	陕西	60	25.2
合计		238	100

为了保证调研的准确性，保证调研对象了解整个问卷设计的内容，在企

业间层面的调研中，我们选择企业的高层管理人员作为调研对象。另外，因为问卷内容不但包括企业战略方面，同时还包括了运营方面信息，所以本研究把企业首席执行官和首席运营官作为调研对象。要求首席执行官和首席运营官或了解战略或运作情况的高层分别回答问卷。调研结果显示，问卷填写人绝大多数为企业的首席执行官或其指定的其他对企业深入了解的高层管理者，如总经理助理、副总经理等。从受访对象的人口统计学特征来看，问卷参与人的职务是董事长、总经理、副总经理、总工程师或者总监等高管的占60.3%，研发部、技术部门经理等中层占总人数的39.7%。被访问人年龄大部分居于 30~50 岁，平均年龄为 40 岁。大多数受访者均为高等学历且拥有一定的管理实践经验，参加调研的高管以大学本科以上为主，占总人数的72.4%。在我们调研人员的主动帮助下，受访者可以准确地回答问卷题项。被访者在企业工作年限均值为 6.7 年，能够保证被调研对象对企业的历史、现在的战略管理和运作过程以及未来的发展前景和外部环境有充分了解，同时也能够满足我们三年研究区间的要求。

从企业总体特征来看，所调查的企业，既包括大企业，也包括小企业；既包括高新技术企业也包括非高新技术企业；既包括国有企业，也包括民营、集体企业和外商合资企业。所调查的企业平均年龄为 13.5 年，又主要以 15 年以下的企业为主。参与企业以 400 人以下的企业为主，83.9% 为所在行业的中小企业。这些企业多以高新技术企业为主，占总样本的 76.9%。其中战略性新兴产业的企业占总样本的 63.4%，包括高端装备制造业、节能环保产业、生物医药产业、物联网产业、新材料、新能源产业、新一代信息技术产业等 151 家企业。在企业所有制方面，参与企业以民营企业为主，占69.75%，国有及国有控股企业、外商合资及集体企业占 30.25%。企业的总体特征如表 4-2 所示。

表 4-2　有效问卷的规模、年龄等特征的分布特征

企业的特征	所占百分比（%）
1. 员工人数	
≤50	19
51~200	15
201~400	21
401~1000	12
>1000	33

企业的特征	所占百分比（%）
2. 年龄	
≤5	19
6～10	16
11～15	21
16～20	12
＞20	32
3. 企业销售额（百万）	
＜10	15.34
10～100	37.71
100～1000	37.71
＞1000	9.14
4. 所有制类型	
民营企业	69.75
国有或国有控股企业	15.13
集体企业	4.55
外商合资企业	10.57
5. 是否高新技术企业	
是	76.9
否	23.1

2）样本的可靠性检验

对于调研方法，样本的可靠性会受到以下两个因素的影响，一个是未回应偏差（No – response Bias），另一个是一般方法误差（Common Method Bias）。未回应偏差是指所调研收集的样本与分析的总样本在数据分布上的偏差，可能会导致调研样本无法代表总体样本分布，影响数据结论。一般可以采用两种方法来测量未回应偏差问题。首先，将问卷第一部分关键变量与问卷第二部分关键变量进行 T 检验，看两者之间是否存在显著性差异。若不存在显著性差异，说明两个样本隶属于同一样本（Armstrong 和 Overton，1977；Lambert 和 Harrington，1990）。其次，可以采用卡方检验比较填写问卷企业与未填写问卷企业在企业规模、所有权等组织特征上的差异。如果填写问卷企业与未填写问卷企业在组织特征测量指标并未存在差异（全部 p – value 均大于 0.1），就说明了收据收集过程的未回应偏差方面没有问题。两种方法的检验均表明本次调研中不存在显著的未回应偏差问题。

一般方法误差源于所收集的自变量和因变量都由相同的被访问者填写（Podsakoff 和 Organ，1986；Podsakoff 等，2003），即数据同源问题。为了消除问卷由同一个人填写带来的一般方法误差，本研究在调研过程中由两名被访问者分别填写问卷 A、问卷 B。在认知差异导致的误差方面，调研小组在回收问卷后，对同一公司的两份问卷进行核对。对两份问卷中差异较大的问题进行再次核对，尽可能避免认知差异误差。另外，我们对问卷进行了评分者间信度检验（Inter－rater Reliability Test），检验结果表明绝大部分指标不存在不同评分者间信度差异，因此可以认为所回收数据的一般方法误差不存在严重的问题。

4.2　变量的测量

4.2.1　测量指标的选择

设计或选择度量指标的好坏在很大程度上决定了问卷的整体信度和效度，从而影响数据分析结果的有效性及可靠性。所以，在设计度量指标时，我们采取以下步骤：

第一，检索、阅读文献，以查找以前使用过并被证明有效的变量度量指标（Mumford 等，1996），主要采用国外现有文献中广泛使用的成熟、有效的量表；第二，假若现有研究中没有合适的测量指标，我们会根据其对该因素的分析，归纳该因素的主要特征作为测量指标。或者查找以往文献中，与该变量较为接近的变量，研究其测量指标，整理出可以为本研究所采纳的指标作为度量；第三，为保证问卷符合中国人的阅读习惯，我们在不改变英文度量指标原意的基础上，对问题的陈述方式进行了一定的修改；第四，由于我国的实际环境和外国很不相同，而大多数的英文文献往往是针对外国环境进行分析的，因此我们尽可能选择以我国为研究背景的英文文献，挖掘并选择变量指标。假若未发现与我国特殊情境相符的指标，就根据国外情境的测量指标进行修改。

企业社会责任和战略管理领域的研究是一个漫长的过程，且相关变量、量表的开发都是逐步发展而来的。由于每个研究的独立性和特殊性，可以完全借鉴以往研究量表的情况并不多。因此，在这种情况下，我们需要自行设计变量。例如，部分变量无法从现有文献中获得，即目前的量表无法满足本研究的需求。对于需要自行设计的变量，本研究根据 Dillman 提供的方法来进行构造（Dillman，1978）。①采用个人面谈法（Personal Interview）、关键事件法（Critical Incident）、开放式调查法（Open – ended Survey）、焦点小组访谈法（Focus Group Interview）和二手数据法（Secondary Data），分析将要构建的新变量内涵，确定其内在的结构，同时依据目前的研究组建初始因素集（Mumford 等，1996），建立指标库。②进行第一轮预调研，收集数据以对初始度量指标进行探索性因子分析并确定其结构变量。③保存统计方面与每个结构变量相关的要素，同时根据新的预调研数据进行前后对比检验，以验证二次检验的可靠性。④再次开展预调研工作，目的是检验前面提取的用以测量结构变量的指标能否可以描述所构建的那些结构变量的核心内涵。

4.2.2 变量的测量

本书的研究变量都是一个程度的概念，而且这些因素很难通过定量的客观数据来衡量。关于本研究中变量的测量，我们采用了李克特5级量表（5 – point Likert – type Scale）来进行测量。使用受访者主观打分的方式来测量企业行为和绩效存在几个优点：首先，对于某些无法用客观数据进行测量的变量，可以通过主观数据的方式进行弥补；其次，可以使某个变量的测量变得更加全面和具有可比性。对于那些主观性较强的问题，我们要求受访者凭借自己的直觉填写。按照数字1到5进行打分，级别从1到5表示其符合程度逐渐提高。其中，1表示"非常不符合"或"不同意"，而5表示"非常符合"或"同意"。

1）绿色实践

绿色实践是指企业在生产经营过程中，采取的一系列控制手段，来达到环境保护和食品安全等方面的目的。绿色实践是企业社会责任领域的一部分内容，强调企业在创造利润的同时，还要对环境和消费者安全负责。绿色实践的企业可以传递出积极的绿色信号，表明自身的环保态度，而这种信号会提高其他个人或组织对绿色企业的信任度，从而促进双方的关系。

在设计变量时，我们借鉴 Chan（2005）、Eiadat 等（2008）等学者的相关研究，具体采用以下五个指标来测量企业绿色实践：①与同行相比，我们的产品更环保；②与同行相比，我们的产品生产过程更省资源；③与同行相比，我们的产品生产过程污染更小；④与同行相比，我们的产品对顾客更安全；⑤与同行相比，我们的产品更容易回收利用。

2）企业社会关系

企业社会关系是指管理者的边界扩展活动以及其与外部实体的互动（Geletkanycz 和 Hambrick，1997）。本研究把企业社会关系划分为行业内关系和行业外关系。行业内关系是企业管理者与那些会直接与企业生产经营相关的个人和组织，主要反映的是管理者与顾客、同行、供应商之间的社会关系强度。在 Peng 和 Luo（2000）、Dubini 和 Aldrich（1991）等人的研究基础上，采用四个指标来测量企业管理者的行业内关系：①与终端顾客建立了密切的个人关系；②与供应商的管理人员建立了良好的关系；③与分销商的管理人员建立了良好的关系；④与同行的管理人员建立了良好的关系。

而行业外关系强调的是那些与企业日常经营活动间接相关的个人或组织，由于是间接相关，因此这类关系在对企业信息的掌握度方面要弱于行业内关系。在 Peng 和 Luo（2000）、Xin 和 Pearce（1996）、Gao 等（2008）、Zhu 和 He（2010）、Acquaah（2007）、Zhou 等（2007）学者的研究基础上，我们采用七个指标来测量企业管理者的行业内关系：①与当地政府各个部门的领导维持较好的关系；②与各种行业协会建立了很好关系；③与大学建立了很好的关系；④与科研机构建立了很好的关系；⑤与媒体机构建立了很好的关系；⑥与其他行业的公司领导建立了很好的关系；⑦与各种社会组织建立了很好的关系。

3）恶性竞争

恶性竞争有时又被称为过度竞争或者自杀式竞争，是指通过价格战、模仿和伪造等方式获得竞争优势的行为，反映的是竞争的形式。恶性竞争体现了企业所参与竞争的市场环境中出现不公平行为、机会主义行为甚至是不合法行为的程度。恶性竞争属于制度特征，在制度越不完善的环境中，恶性竞争发生的可能性和程度就越高。

根据 Li 和 Atuahene-Gima（2001）、Li 和 Zhang（2007）在中国情境下开发的量表来测量，本书采用五个指标来测量恶性竞争：①市场中存在较多非法模仿新产品的不正当竞争；②产品或商标曾经被其他公司模仿或伪造；③公司经常遭遇其他公司的不正当竞争；④公司的利益容易受到不正当竞争的侵害；⑤很难依赖法律法规惩罚不正当竞争。

4）竞争强度

竞争强度是指企业在某个行业中，竞争对手的数量和竞争强度。竞争强度属于市场环境特征，反映的是市场中竞争的激烈程度，与恶性竞争属于不同的概念。

以往大多关于竞争强度的测量都沿用了 Jaworski 和 Kohli（1993）关于企业在行业中所面临竞争强度的测量。同样，本研究结合 Jaworski 和 Kohli（1993）、Chan 等（2012）、Auh 和 Menguc（2005）等之前的研究，采用五个指标来测量市场竞争激烈程度：①公司面临的市场竞争很激烈；②市场上有太多与我们产品相类似的产品；③市场中经常发生价格战；④市场上新的促销手段层出不穷；⑤竞争对手经常试图抢夺我们的客户。

5）企业财务绩效

企业财务绩效主要反映了与竞争对手相比，企业的业绩表现情况。与市场指标相比，财务指标能够更真实地反映企业的业绩表现。但是与主观报告的财务数据相比，客观财务数据获取较为困难。因此，基于 Li 和 Zhang（2007）、Oliver（1997）及 Zhou 等（2005）的研究，我们用七个指标来测量企业财务绩效：相对于主要竞争对手，贵公司的①资产回报率；②销售回报率；③投资回报率；④平均利润率；⑤销售额的增长；⑥市场份额的增长；⑦利润的增长。

6）控制变量

由于我们调研的企业相互之间存在比如规模、年龄、行业类型等某些方面的差别，同时，这些差别可能对企业绿色实践和企业财务绩效水平产生影响。因此，考虑到上述变量可能会对本研究产生影响，我们选择了七个控制变量。具体如下：企业规模、企业年龄、行业类型（是否高新）、环境包容性、需求不确定、市场成熟度和公司类型作为主要的控制变量。其中，企业规模、企业年龄、行业类型、公司类型等是战略管理研究领域中的传统控制变量，即普遍认为这些变量会对战略研究中的其他变量产生影响。①企业规模反映了企业资源的富裕程度，而企业从事绿色实践活动对资源的依赖性又很强，从而对影响企业财务绩效有重要影响。研究采用企业员工数量来衡量企业规模的大小。为了避免数量型变量分布左偏或者右偏带来的误差，研究采用企业员工数量的自然对数转换值来测量。从以往研究文献可以看出，企业年龄是最显著的组织特征，是企业活动的主要的影响因素（Ketchen 等，

1996)，企业年龄也会影响企业的绩效水平。企业成立时间越长，其在绿色实践方面积累的相关经验会越多，从而提高其绩效水平。我们用截止到被采访时企业的经营年数来测量企业成立时间。为了避免数量型变量分布左偏或者右偏给研究带来的误差，研究采用企业年龄的自然对数转换值来测量。②行业类型（是否高新）反映了企业对绿色实践的态度和其技术的变化和发展速度。高新技术行业对绿色实践的认识要高于传统行业，高新技术企业技术变化速度快，需要企业在经营过程中有更多的资源和更高的能力来应对绿色实践中的压力；同时，由于整个行业的发展速度较快，企业也会面临更高的风险，在一定程度上会对企业财务绩效产生影响。我们用虚拟变量是否为高新技术企业来测量行业类型。市场成熟度则反映了企业未来的发展空间和发展潜力，会对企业财务绩效产生一定的影响，我们用"产品市场容量的大小很难确定"来测量市场成熟度。③环境包容性描述了市场经营的环境，包括：威胁公司生存与发展的环境因素很少、我们所处的市场中有丰厚的获利机会、我们很容易获得资金的支持、很容易获得生产要素（劳动力、土地、原材料等）、很容易获得所需的技术人才。企业从事绿色实践活动是极为依赖资源的，因此，不同的市场环境将会导致不同的实践结果。④需求不确定，反映出对自身需求的动态变化。大量对组织环境的研究发现，需求不确定对企业战略制定有着重要影响。在不确定的环境中，企业会实施创新和战略转型来应对不断变化的需求（Jaworski 和 Kohli，1993）。本研究将需求不确定作为重要的控制变量，用"顾客对于产品和服务的需求在不断变化"来测量需求的不确定性。⑤公司类型包括：国有或国有控股、民营或个体、外商合资、集体公司。我们将企业的所有制类型也作为控制变量。在中国转型阶段的制度环境下，公司类型对绿色实践和企业社会关系、企业财务绩效都有不同的影响，例如，与民营企业相比，国有企业与政府部门之间的关系显得更为密切。而民营企业为了建立与政府良好的关系，会更加重视企业绿色实践。

4.3　统计分析方法介绍

4.3.1　多元回归方法简介

最优尺度回归分析，也叫最优标度回归分析。核心内容是根据希望拟合模型，分级别检验各个自变量对因变量影响系数大小，需要保证各个变量之间关系呈线性，再利用非线性方法反复迭代，从而得到每个原始分类变量的最佳量化得分。最后，根据量化得分代替原始变量进行下一步分析。因此，最优尺度回归也称定类回归（Categorical Regression），即通过给原始变量的不同类别赋值最终计算出优化的回归方程，适合于研究变量为分类有序变量的情况。最优尺度回归的分析使用具有五个主要步骤。①模型设定：即初始理论模型的建立。②模型识别：当参数识别通过，说明该模型的参数估计具有唯一解；若参数无法识别，说明模型被错误的设定。③模型估计：有多种方法可以估计模型，最常用的是最大似然法和广义最小二乘法。④模型评价：根据参数估计值，对模型和数据之间的拟合系数进行测量，将测量值与多个替代模型拟合系数进行比较。⑤模型修正：对于不能较好拟合数据的模型进行修改和再次设计。在这种情况下，研究人员需要决定如何删除、增加或修改模型的参数。

4.3.2　多重共线性检验

多重共线性，即变量间可能存在显著的线性相关，进而在数据结果和有效性方面对回归方程造成影响。目前，检验多重共线性较为普遍的方式是根据方差膨胀因子（VIF Value）或者容限度（Tolerance）的大小来进行判断。在所有自变量中，若有自变量的 VIF 值大于 10，就说明这个自变量和另外自变量会产生多重共线性关系，进而影响线性回归的最小二乘估计。同样，若某自变量的 Tolerance 值小于 0.1，也说明存在多重共线性关系。当存在上述两种情况时，需要进行有关调整。

若记自变量为 x_j，则其方差膨胀因子 $(VIF)_j$ 的计算公式如下：

$$(VIF)_j = (1 - R_j^2)^{-1} \qquad\qquad (4-1)$$

式子中：是以为因变量时对其他自变量回归的复测定系数。所有变量中最大的 $(VIF)_j$ 通常被用来作为测量多重共线性的指标。一般认为，如果最大的超过 10，常常表示多重共线性将严重影响最小二乘的估计值。

4.3.3　中介效应的检验方法

如果自变量 X 对因变量 Y 具有直接影响，而另一个变量 M 在某个程度上可以解释变量 X 对变量 Y 的影响，我们就可以认为变量 M 可能是变量 X 影响变量 Y 的中介变量。我们通过下面的路径图来更好地展示中介变量的原理如图 4-1 所示。

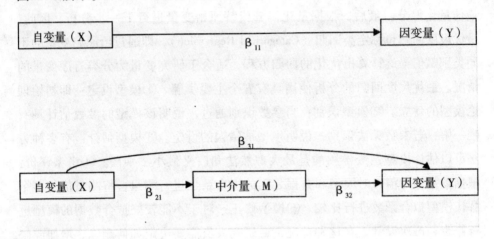

图 4-1 中介效应示意图

首先，自变量 X 和因变量 Y 的直接效应关系：

$$Y = \beta_{10} + \beta_{11}X + \varepsilon_1 \tag{4-2}$$

自变量 X 与中介变量 M 之间的关系：

$$Y = \beta_{20} + \beta_{21}X + \varepsilon_2 \tag{4-3}$$

加入中介变量 M 后，自变量 X 与因变量 Y 之间的关系：

$$Y = \beta_{30} + \beta_{31}X + \beta_{32}M + \varepsilon_3 \tag{4-4}$$

检验变量 M 是否为自变量 X 和因变量 Y 之间的中介变量，还需要满足以下几个条件（Barron 和 Kenny，1986）：

首先，检验自变量 X 与因变量 Y 的直接作用是否显著，即回归系数 β_{11} 要显著。如果上述两个变量的直接关系不显著，即 $\beta_{11} = 0$，那么就不存在中介效应，不需要继续研究。

其次，要求自变量 X 与中介变量 M 之间的影响显著，即 β_{21} 显著。如果上述两个变量的直接关系不显著，即 $\beta_{21} = 0$，那么就不存在中介效应，不需要继续研究。

最后，把自变量 X 和中介变量 M 一起放入模型中，检验控制变量 M 的情况下，自变量 X 和因变量 Y 是否存在显著的线性回归关系。公式 4-4 中，如果 $\beta_{32} \neq 0$，而 $\beta_{31} = 0$，则说明变量 M 是 X 和 Y 之间的完全中介。如果 $\beta_{32} \neq 0$，而 $\beta_{31} \neq 0$，但是 $\beta_{31} < \beta_{11}$，说明在控制 M 的情况下，X 对 Y 的影响减弱，那么

M 就是 X 和 Y 之间的部分中介。

4.3.4　调节效应的检验方法

由于本研究理论部分涉及了几个调节效应关系，因此，方法部分有必要对调节效应进行相关说明。在管理学研究的其他领域，如组织行为学、市场营销等，都有大量研究是研究并采用调节变量的检验方法。其中，由于调节回归分析法具有保持样本完整性的特点而被大量学者采纳。

调节变量的定义如下：如果自变量 X 和因变量 Y 之间的关系受到另一个变量 Z 的影响，那么变量 Z 就是调节变量（James 和 Brett，1984）。调节效应可以解释为，变量 Z 可以影响自变量 X 和因变量 Y 之间的关系，该关系或许增强、或许减弱，或许改变影响方向（系数为正或者负）。我们用如图 4 - 2 所示来更好地展示调节效应。

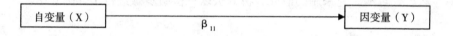

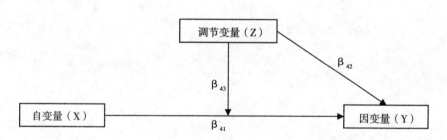

图 4 - 2　调节效应示意图

调节变量的相关方程如下：

$$Y = \beta_{10} + \beta_{11}X + \varepsilon_1 \qquad (4-2)$$

$$Y = \beta_{40} + \beta_{41}X + \beta_{42}Z + \varepsilon_4 \qquad (4-5)$$

$$Y = \beta_{40} + \beta_{41}X + \beta_{42}Z + \beta_{43}XZ + \varepsilon_5 \qquad (4-6)$$

调节效应的检验，一般采用交互项模型来处理。首先，检验自变量 X 和因变量 Y 之间的直接效应关系是否显著。即公式 4 - 2 中，β_{11} 的显著性水平。然后，回归模型中加入调节变量 Z，检验自变量和调节变量对因变量的影响。最后，检验方程中自变量 X 和调节变量 Z 的乘积的显著性水平。但是，该乘积项需要进行中心化处理后，再进行计算。如果乘积项的系数，即公式 4 - 5

中的 β_{43} 显著，那么我们就可以认为变量 Z 对自变量 X 和因变量 Y 之间的关系起了调节作用。这里需要强调的是，乘积项（XZ）要在 X 和 Y 的主影响之后代入方程，以排除 X 和 Z 对因变量 Y 的影响。

在回归模型计算的过程中，还需要特别注意数据的中心化处理。为了避免主效应和交互项之间可能存在的多重共线性问题（Aiken 和 West，1991），需要对连续的自变量和调节变量进行均值中心化处理。

4.4 小结

这一章中，我们详细介绍了本研究中设计问卷、数据收集以及样本结果等过程。基于以往实证研究方法，同时结合本研究的样本特点，我们对概念模型中涉及到的所有变量进行了研究，对这些变量的测量方式和指标进行选择，然后，对本研究采用的研究分析方法以及检验步骤进行了详细介绍。

5 实证分析与结果

在理论分析和问卷设计的基础上，本章对所提出的研究假设进行检验。其中，描述性统计分析、信度和效度检验是本书进行假设关系检验的基础，然后采用多元回归的统计方法来验证本书的概念模型和相关假设。

5.1 描述性统计分析

描述性统计分析是实证研究报告结果的第一步，是将概念模型中所涉及变量的相关统计指标进行报告。具体包括报告控制变量、自变量、因变量以及调节变量的相关系数、均值、标准差等统计指标。如果在相关系数矩阵中出现两个变量的相关系数较大时（临界值通常为 0.7），意味着这两个变量极为接近，内涵上趋向于同一个变量。若仍然将上述变量加入回归方程中，就会产生共线性问题（吴明隆，2003）。表 5 – 1 给出了变量均值、标准差和相关系数。本书利用 SPSS 13 把所有相关变量作 Pearson 相关分析，发现相关系数并不存在过高的情况。因此，如表 5 – 1 所示的数据表明所有变量间存在显著的区分效度。虽然竞争强度和恶性竞争之间的相关系数达到 0.516，企业的行业内关系和行业外关系的相关系数达到 0.577，但是都未高于 0.7。因此，本结果表明，这几个变量是独立的可区分变量。

5.2 信度与效度分析

5.2.1 变量信度检验

在对本研究的假设进行检验之前，第一步需要对所有相关变量进行信度

表 5-1 变量的统计性描述与相关系数（N=238）

	1	2	3	4	5	6	7	8	9	10	11	12	13
1. 企业年龄	1												
2. 企业规模	0.662**	1											
3. 行业类型	0.135*	0.003	1										
4. 公司类型	0.344**	0.287**	0.064	1									
5. 需求不确定	0.026	0.096	0.127	-0.089	1								
6. 市场成熟度	0.031	0.012	-0.006	-0.068	0.126	1							
7. 环境包容性	-0.034	0.067	0.106	-0.080	0.025	0.093	1						
8. 绿色实践	-0.178**	-0.129*	0.181**	-0.150*	0.219**	0.067	0.275**	*0.887*					
9. 显性竞争	0.108	0.014	0.107	0.070	0.244**	0.155*	-0.142*	0.021	*0.731*				
10. 竞争强度	0.197**	0.240**	-0.034	0.032	0.256**	0.187**	-0.134*	-0.031	0.516**	*0.804*			
11. 行业内关系	-0.004	0.069	0.087	0.010	0.115	0.155*	0.238**	0.344**	0.042	0.152*	*0.837*		
12. 行业外关系	0.013	0.154**	0.168**	0.111	0.142*	0.140*	0.256**	0.336**	0.077	0.094	0.577**	*0.796*	
13. 企业财务绩效	-0.090	-0.018	0.225**	-0.119	0.136*	-0.092	0.324**	0.223**	-0.102	-0.142*	0.196**	0.214**	*0.774*
均值	2.304	5.288	0.769	0.130	3.908	2.845	2.671	4.004	3.243	3.796	3.933	3.866	3.145
标准差	0.784	1.535	0.422	0.337	0.862	0.953	0.688	0.734	0.833	0.766	0.696	0.714	0.683

注：+ 表示在 0.1 水平下显著；* 表示在 0.05 水平下显著；** 表示在 0.01 水平下显著。

N 表示样本数，斜对角线上黑体并下划线部分为变量 AVE 值的平方根。

分析（可靠性分析），即对某种现象的测度提供的稳定性和一致性结果的检验（Nunnally，1978）。信度分析反映了构成变量指标的内部一致性，它是衡量某个指标与测量相同因素的其他指标之间相关能力的一种测度，通常采用 Cronbach alpha 系数（Nunnally，1978）和复合信度 CR（Fornell 和 Larcker，1981）对指标的内部一致性进行估计和验证。对于成熟量表，Cronbach alpha 大于 0.7 就比较适合，而对于较新的量表，Cronbach alpha 大于 0.6 就可以说明变量具有内部一致性（即达到足够信度）（Nunnally，1978；Fornell 和 Larcker，1981）。表 5 - 2 报告了本研究的信度分析结果，而本研究中所有变量都是基于现有研究的测量，同时，信度分析的结果也显示所有变量的 Cronbach alpha 值均大于 0.8。这意味着本研究所涉及的所有变量在本次样本数据中体现了较好的内部一致性。因此，本研究几个变量的信度分析没有问题，符合分析要求。

5.2.2　变量内容效度检验

变量的内容效度（Content Validity）表明某一变量对所测量内容的内涵和范围的程度（Churchill，1979）。判断内容效度并非基于统计手段，而是通过主观方式进行判断。本研究通过以下几个步骤来确保研究中所涉及变量测量指标的内容效度。

本研究所设计的问卷首页就写明了问卷填写的详细步骤，直接地表明本研究的目的是对我国绿色实践的情况进行研究。同时，我们对问卷中存在疑问的地方进行说明，同时附上保密承诺，确保受访者不存在心理顾虑。

然后，在进行正式调研工作前，将设计好的问卷交由同行学者以及企业管理者。通过他们，收集问卷中存在的问题，如题项表达清晰程度等。若出现问题，则对该版本问卷的指标进行修正。在上述工作的基础上，本研究保证了所有变量的内容效度不存在问题。

5.2.3　变量结构效度检验

变量的结构效度（Construct Validity）是指测量指标是否描述了所要度量的结构变量而并非其余结构变量的程度大小。检验结构效度一方面需要检验测量指标是否依附所度量的变量，即聚敛效度（Convergent Validity），另一方面需要保证这些测量指标与其他变量无关，即区别效度（Discriminant Validity）（Campbell 和 Fiske，1959）。我们借助 LISREL 8.5 软件，通过进行验证性因子分析（CFA），来检验其聚敛效度和区别效度。

1）我们通过验证性因子分析，根据负载值（Loading）或者 AVE 值来判断聚敛效度。聚敛效度是指几个测量指标必须测量的是同一个变量，而判断聚敛效度的方法是通过对某个指标在所测因子变量上的负载是否显著进行判断，一般可靠性水平为 95%。负载值若大于 0.7，即该指标的方差被因子变量解释的比例达 50% 以上，就可以认为是满足条件的（Fornell 和 Larker，1981）。但是，之后的统计学家认为负载大于 0.7 即可，即把 0.4 设定为最小容忍限度（Ford 等，1986）。其次，可以根据平均方差萃取值（Average Variance Extracted，简称 AVE）进行判断。平均方差萃取值表示了每个因子的变量对因子的总的解释程度。变量度量指标具有聚敛效度的要求是 AVE 值大于或等于 0.5。表 5-2 提供了本研究所涉及变量度量指标的负载值，可以看到大多数均大于 0.7，表明这些变量的聚敛效度是显著的。表 5-2 还提供了所有变量的平均方差萃取值，且结果均大于 0.5，进而充分表明本研究中的聚敛效度获得通过。

表 5-2　变量的载荷和信度指标

变量及指标	信度系数	载荷
企业绿色实践		
与同行相比，我们的产品更环保		0.912
与同行相比，我们的产品生产过程更省资源	Alpha = 0.894	0.893
与同行相比，我们的产品生产过程污染更小	AVE = 0.786	0.925
与同行相比，我们的产品对顾客更安全		0.892
与同行相比，我们的产品更容易回收利用		0.741
行业内关系		
与终端顾客建立了密切的个人关系		0.793
与供应商的管理人员建立了良好的关系	Alpha = 0.853	0.895
与分销商的管理人员建立了良好的关系	AVE = 0.701	0.872
与同行的管理人员建立了良好的关系		0.785
行业外关系		
与当地政府各个部门的领导维持较好的关系	Alpha = 0.904	0.668

变量及指标	信度系数	载荷
与各种行业协会建立了很好关系		0.792
与大学建立了很好的关系		0.813
与科研机构建立了很好的关系	AVE = 0.634	0.801
与媒体机构建立了很好的关系		0.827
与其他行业的公司领导建立了很好的关系		0.826
与各种社会组织建立了很好的关系		0.835
恶性竞争		
市场中存在较多非法模仿新产品的不正当竞争		0.804
产品或商标曾经被其他公司模仿或伪造	Alpha = 0.846	0.761
公司经常遭遇其他公司的不正当竞争		0.868
公司的利益容易受到不正当竞争的侵害	AVE = 0.534	0.840
很难依赖法律法规惩罚不正当竞争		0.798
竞争强度		
公司面临的市场竞争很激烈		0.830
市场上有太多与我们产品相类似的产品	Alpha = 0.859	0.784
市场中经常发生价格战		0.846
市场上新的促销手段层出不穷	AVE = 0.647	0.755
竞争对手经常试图抢夺我们的客户		0.805
企业财务绩效		
资产回报率		0.828
销售回报率		0.845
投资回报率	Alpha = 0.847	0.767
平均利润率		0.755
销售额的增长	AVE = 0.599	0.691
市场份额的增长		0.741
利润的增长		0.821

　　2）区别效度意味着不同结构变量的测量存在特殊性。通常用两种方法检验不同变量之间的区别效度。主要方法是根据比较不同结构变量之间的相关

系数是否小于对应结构变量的 AVE 值的平方根来判断（Fornell 和 Larcker，1981）。若其中某个变量的 AVE 值的平方根大于该变量与其他变量的所有相关系数，则表明该变量与其他变量之间是有区分效度的。本研究的表5-3展示了本研究的所有变量间相关系数以及对应的 AVE 值（对角线位置）平方根。结果表明，对角线上的粗体数值比其所在行和列的所有相关系数值都大，说明所有变量间都具有良好的区别效度。

表5-3　各变量区别效度

	1	2	3	4	5	6
1. 绿色实践	**0.887**					
2. 恶性竞争	0.021	**0.731**				
3. 竞争强度	−0.031	0.516**	**0.804**			
4. 行业内关系	0.344**	0.042	0.152*	**0.837**		
5. 行业外关系	0.336*	0.077	0.094	0.577**	**0.796**	
6. 财务绩效	0.223**	−0.102	−0.142*	0.196**	0.214**	**0.774**

5.2.4　普通方法误差

由于回答问题的同源性导致的误差称为普通方法误差。研究表明，调研时请同一企业的多个人参与调研可以较好地避免普通方法误差。通常有三种方法可以检验：首先，根据所有指标的相关系数来检验变量的多回应稳定性。若变量间的相关系数超过0.2，且均存在显著性相关关系，则说明该问卷具有较好的多回应稳定性。此时，把每个企业的两份问卷的平均值作为测量数据来避免普通方法的问题。其次，通过 Harman 单因子检验来检验研究中所有变量的测量指标，对这些指标进行未旋转探索性因子分析。假如从结果中提取多个因子，而第一个因子比例不大于50%时，那么就可以认为普通方法误差可以被忽略，并不会影响研究结果。最后，借助于 LISREL 软件的验证性因子分析功能，引入普通方法因子，对因子模型和三因子模型进行比较。假如两个因子模型拟合程度最高，则认为普通方法误差对研究效度的影响不大。本次调研在每个企业邀请两位高管分别回答问卷 A、B，对控制变量、自变量、调节变量及因变量采用来源于不同访问对象的数据进行测量，较好的规避了普通方法误差给研究带来的风险。

表 5 - 4　回归分析结果

变量	因变量：企业财务绩效					因变量：行业内关系			因变量：行业外关系		
	模型 1	模型 2	模型 3	模型 4	模型 5	模型 6	模型 7	模型 8	模型 9	模型 10	模型 11
企业年龄	-0.159*	-0.150*	-0.154*	-.132+	-0.141+	-0.005	0.022	0.010	-0.146+	-0.109	-0.106
企业规模	0.100	0.118	0.105	0.089	0.091	-0.044	0.022	-0.002	0.195**	0.204**	0.169*
行业类型	0.217***	0.200**	0.189**	0.183**	0.182**	0.024	-0.004	0.005	0.124*	0.086	0.087
环境包容性	0.351***	0.326***	0.318***	0.308***	0.308***	0.325***	0.255***	0.278***	0.271***	0.206***	0.215***
需求不确定	0.149**	0.135**	0.144**	0.132**	0.138**	0.154**	0.100+	0.062	0.204***	0.150*	0.137*
市场成熟度	-0.146**	-0.160**	-0.179***	-0.158***	-0.173***	0.161***	0.144**	0.111*	0.143**	0.185***	0.159**
公司类型	-0.091	-0.061	-0.064	-0.074	-0.072	0.037	0.063	0.089	0.172**	0.194**	0.199**
绿色实践		0.164***	0.107*	0.136**	0.108+		0.305***	0.329***		0.333***	0.331***
行业内关系			0.169***		0.116+						
行业外关系				0.179***	0.114+						
恶性竞争								-0.112+			-0.050
竞争强度								0.193***			0.122*
绿色实践×恶性竞争								0.110*			0.117*
绿色实践×竞争强度								-0.080			-0.176***
R 方值	0.252	0.271	0.295	0.293	0.302	0.168	0.239	0.280	0.232	0.323	0.354
调整后 R 方值	0.205	0.224	0.243	0.245	0.254	0.116	0.179	0.170	0.184	0.270	0.290
F 值	5.301***	5.814***	5.668***	6.030***	6.277***	3.199***	3.993***	2.540***	4.778***	6.067***	5.522***

注：+表示在 0.1 水平下显著；*表示在 0.05 水平下显著；**表示在 0.01 水平下显著；***表示在 0.001 水平下显著。

5.3　回归分析结果

为了更加准确地验证本书提出的各项假设，我们使用 SPSS 13.0 统计软件对每个假设进行统计检验。模型 1 到模型 5 的因变量为企业财务绩效，模型 6 到模型 8 的因变量为行业内关系，模型 9 到模型 11 的因变量为行业外关系，参与回归的有效样本数为 238。在回归分析部分，本研究根据逐层回归分析（Hierarchical Regression Analysis）的步骤，先加入控制变量，然后加入主变量，最后加入调节变量以及调节变量和主变量的交互项。在最后一步时，把相关变量进行均值中心化处理，目的是避免多重共线性所造成的影响。根据回归模型中的 VIF 值，发现每个自变量的 VIF 值都远小于 10（或者判断容限度 Tolerance 值均大于 0.1），所以，本研究的回归模型在多重共线性方面不存在问题。表 5-4 展示了回归分析结果。

5.3.1　绿色实践对企业财务绩效的作用

接下来，本节内容先简单汇报和分析回归数据结果，而具体关于数据结果的讨论在下一章内容中展开。

我们首先对企业财务绩效及其自变量之间的关系进行了检验，最优尺度回归包括三个步骤。首先，我们在模型 1 中分析企业年龄、企业规模、行业类型、环境包容性、需求不确定性、市场成熟度、公司类型这几个控制变量与企业财务绩效之间的关系。然后，我们把绿色实践作为自变量加入回归方程，并以此为依据来检验绿色实践与财务绩效之间的直接效应。具体的检验结果如表 5-4 所示。

表 5-4 的回归分析结果表明，模型 1 和模型 2 的 F 值显著性水平都在 0.001 水平（$p < 0.001$），表明在该统计样本和数据下，这两个回归方程是成立的。同时，企业绿色实践与财务绩效之间存在着明显的正相关关系（$\beta = 0.164$，$p < 0.01$），也就是本书的假设 1，即绿色实践与财务绩效呈正相关关系得到了回归结果的支持（假设 1 得到支持）。

5.3.2　企业社会关系在绿色实践影响企业财务绩效中的中介作用

本人依据 Baron 和 Kenny（1986）提出的检验中介变量的方法，考察行业内关系、行业外关系，在绿色实践与财务绩效之间是否具有中介效应。具体而言，我们首先采纳了假设 1 的研究结论，即研究结果发现绿色实践对企业财务绩效存在显著的正向影响；然后，我们检验绿色实践对行业内关系、行业外关系的影响；之后，检验行业内关系、行业外关系对财务绩效的影响；最后，如果上述检验过程中的假设都得到支持，观察是否在加入了中介变量之后，即把绿色实践和行业内关系、行业外关系同时加入到回归方程中去，主效应是否受到减弱或者不显著的情况，以此证明中介效应是否存在。具体的检验结果如表 5 - 4 所示。

模型 7 中，数据显示自变量绿色实践对因变量行业内关系呈现正向影响（$\beta = 0.305$，$p < 0.001$），且存在显著性，同时绿色实践可以解释行业内关系 17.9% 的变异，所以假设 2 得到支持，即绿色实践可以显著地正向影响行业内关系（假设 2 得到支持）。进一步的，模型 3 中，行业内关系对财务绩效的影响也是正向且显著的（$\beta = 0.169$，$p < 0.01$），而且额外的变异解释量为 24.3%，该结果显然有力地证明假设 4（假设 4 得到支持）。

然后，将绿色实践、行业内关系同时引入回归方程时，绿色实践的回归系数下降了（$\beta = 0.107$，$p < 0.05$），与模型 2 的系数相比（$\beta = 0.164$，$p < 0.01$），显著性水平也受到了影响。根据 Baron 和 Kenny（1986）的判断方法，上述实证结果表明，行业内关系在绿色实践和企业财务绩效之间起到完全中介的作用，从而验证了假设 6。

然后，本研究根据 Sobel（1982）对中介效应的检验方法，对上述中介进行更准确的分析。Sobel 的公式为：$z = ab / \sqrt{a^2 s_b^2 + b^2 s_a^2}$（$a$，$b$ 分别为中介变量对自变量、因变量对中介变量的非标准化回归系数；s_a、s_b 分别为 a 和 b 的标准误）。通过计算，我们得到：$a = 0.350$，$b = 0.169$，$s_a = 0.065$，$s_b = 0.060$，计算可得 Sobel 检验统计值为 2.496（$p < 0.05$），该数据表明存在显著的中介效应。所以，本研究的 Sobel 检验结果进一步又验证了假设 6。结论表明，在绿色实践对企业财务绩效的影响过程中，行业内关系是其作用的内部机制（假设 6 得到支持）。

同样的方法，模型 10 中，数据显示自变量绿色实践对因变量行业外关系具有显著的正向影响（$\beta = 0.333$，$p < 0.001$），绿色实践可以解释行业外关系 27% 的变异，所以假设 3 得到支持，即企业绿色实践和行业外关系呈正相关关系（假设 3 得到支持）。进一步的，模型 4 中，行业外关系对财务绩效的

影响也是正向且显著的（$\beta = 0.179$，$p < 0.01$），而且额外的变异解释量为 24.5%，该结果显然有力地证明假设 5（假设 5 得到支持）。

模型 4 中，在将绿色实践、行业外关系同时引入回归方程时，与模型 2 的系数相比（$\beta = 0.164$，$p < 0.01$），虽然显著性水平没有明显变化，但是绿色实践的回归系数下降了（$\beta = 0.136$，$p < 0.01$）。根据 Baron 和 Kenny（1986）的判断方法，上述实证结果表明，行业外关系在绿色实践和企业财务绩效作用关系之间发挥了完全中介的作用，表明了假设 7 通过验证。

同样地，本研究根据 Sobel（1982）的检验方法，进一步确认中介效应的显著性。通过计算，我们得到：$a = 0.333$，$b = 0.179$，$s_a = 0.060$，$s_b = 0.060$，计算可得 *Sobel* 检验统计值为 2.628（$p < 0.01$），结论表明存在显著的中介效应。所以，假设 7 通过了 Sobel 检验。这说明了在绿色实践对企业财务绩效的影响过程中，行业外关系就是其内部作用机制（假设 7 得到支持）。

5.3.3 竞争强度在绿色实践影响企业社会关系中的调节作用

假设 8 和假设 9 分析了竞争强度对于绿色实践影响行业内关系、行业外关系的调节作用。表 5-4 中的模型 8 和模型 11 用于检验竞争强度对于绿色实践影响行业内关系、行业外关系的调节作用。从表 5-4 中可以看出，模型 8 中的 F 值为 2.540（$p < 0.001$），模型 11 中的 F 值为 5.522（$p < 0.001$），表明在该统计样本和数据下，模型 8、模型 11 的回归方程是有意义的。模型 8 中调整后的 R^2 为 0.170，模型 11 中调整后的 R^2 为 0.290，分别表明因变量 17% 和 29% 的变动可以被模型中的自变量解释。模型 8 的回归结果显示：竞争强度对于绿色实践与行业内关系的负向调节作用不显著（$\beta = -0.080$），对于绿色实践与行业外关系的负向调节作用显著（$\beta = -0.176$，$p < 0.001$）。这一结果没有支持假设 8，但是支持了假设 9（假设 8 未得到支持、假设 9 得到支持）。如图 5-1 与图 5-2 所示为竞争强度的调节作用。

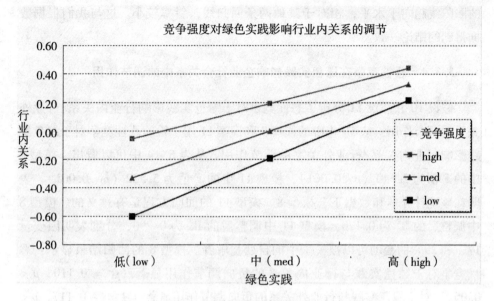

图 5 - 1　竞争强度对绿色实践与行业内关系影响的调节作用

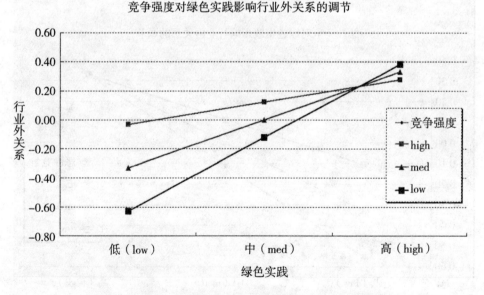

图 5 - 2　竞争强度对绿色实践与行业外关系影响的调节作用

　　从图 5 - 1 可以看到，不管竞争强度在高、中、低哪个阶段，绿色实践影响行业内关系的作用强度没有非常明显的变化，三条回归线都趋向于平行。但是，图 5 - 2 可以看到，当竞争强度水平较高时，绿色实践影响行业外关系的回归线趋向于水平,相对于其他两条回归线,斜率较小。这与我们根据数据得到的结论一致。

5.3.4 恶性竞争在绿色实践影响企业社会关系中的调节作用

假设 10 和假设 11 分析了恶性竞争对于绿色实践影响行业内关系/行业外关系的调节作用。表 5 - 4 中的模型 8 和模型 11 用于检验恶性竞争对于绿色实践影响行业内关系/行业外关系的调节作用。从表 5 - 4 中可以看出,模型 8 中的 F 值为 2.540 ($p < 0.001$),模型 11 中的 F 值为 5.522 ($p < 0.001$),表明在该统计样本和数据下,模型 8、模型 11 的回归方程是有意义的。模型 8 中调整后的 R^2 为 0.170,模型 11 中调整后的 R^2 为 0.290,分别表明因变量 17% 和 29% 的变动可以被模型中的自变量解释。模型 8 的回归结果显示:恶性竞争对于绿色实践与行业内关系的负向调节作用显著($\beta = 0.110$,$p < 0.05$),对于绿色实践与行业外关系的负向调节作用显著($\beta = -0.117$,$p < 0.05$)。这一结果支持假设 10 和假设 11(假设 10 得到支持、假设 11 得到支持)。如图 5 - 3 与图 5 - 4 所示为恶性竞争的调节作用。

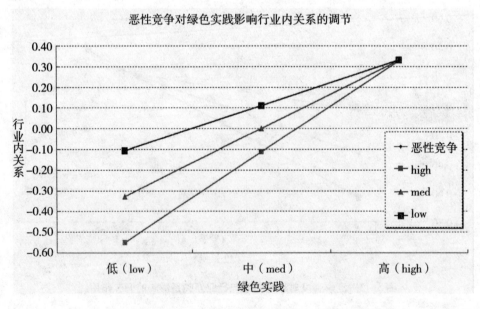

图 5 - 3　恶性竞争对绿色实践与行业内关系影响的调节作用

从图 5 - 3 可以看到,当恶性竞争水平较高时,绿色实践影响行业内关系的回归线斜率较大,反映了恶性竞争对绿色实践影响行业内关系的正向调节作用。同理，图5-4可以看到，当恶性竞争水平较高时，绿色实践影响行业外关系的回归线，相对于其他两条回归线，斜率较大，反映了恶性竞争对绿色实践影响行业外关系的正向调节作用。这与我们根据数据得到的结论一致。

恶性竞争对绿色实践影响行业外关系的调节

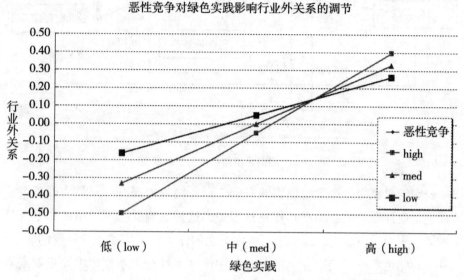

图5-4　恶性竞争对绿色实践与行业外关系影响的调节作用

5.4　小结

本章报告了实证分析的结果，包括测量的描述性分析、信度和效度分析以及假设验证结果。描述性统计分析结果表明本研究中的样本是适合进行回归分析的。实证分析的结果表明，本书的测量指标能够有效反映所测量的概念。同时，假设验证的结果支持了本书提出的大多数假设，即本研究基于信号理论提出的企业绿色实践——社会关系——财务绩效的概念模型是基本成立的。模型的假设分析详细结果如图5-5所示，由于中介作用的系数无法在图中表示，所以图5-5略去了中介效果的展示。

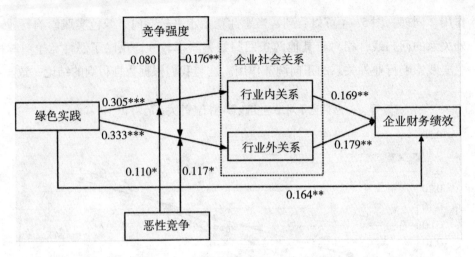

图 5-5　回归分析结果代入概念模型

　　研究结果表明，企业绿色实践有利于财务绩效的提升，绿色实践可以显著促进企业社会关系。而在这作用过程中，这种影响受到不同市场和制度环境的调节影响，但绿色实践影响行业内关系的作用不受市场竞争强度的影响。此外，在绿色实践影响财务绩效的过程中，企业社会关系作为中介机制起着重要的作用。具体的假设验证的结果汇总在如表 5-5 所示中。

表 5-5　理论假设验证情况汇总表

假设编号	假设具体内容	获支持情况
假设 1	企业绿色实践和财务绩效呈正相关关系	得到支持
假设 2	企业绿色实践和行业内关系呈正相关关系	得到支持
假设 3	企业绿色实践和行业外关系呈正相关关系	得到支持
假设 4	行业内关系和企业财务绩效呈正相关关系	得到支持
假设 5	行业外关系和企业财务绩效呈正相关关系	得到支持
假设 6	行业内关系是绿色实践影响财务绩效的中介机制	得到支持
假设 7	行业外关系是绿色实践影响财务绩效的中介机制	得到支持
假设 8	市场竞争越激烈，绿色实践对行业内关系的影响越弱	未得到支持
假设 9	市场竞争越激烈，绿色实践对行业外关系的影响越弱	得到支持
假设 10	恶性竞争增强绿色实践对行业内关系的正向影响	得到支持
假设 11	恶性竞争增强绿色实践对行业外关系的正向影响	得到支持

6   结果讨论与研究意义

针对我国企业在绿色实践中存在的困惑，本书把绿色实践、企业社会关系、竞争强度、恶性竞争以及企业财务绩效整合到一个研究框架下，分析了绿色实践对于行业内、行业外关系的影响，以及在此过程中竞争强度和恶性竞争起到的调节作用。最终探索了企业社会关系在绿色实践影响企业财务绩效过程中的中介作用。通过对研究所需样本数据进行收集、提出假设并采用统计方法对理论模型进行检验，回归模型结果发现提出的 11 个假设中有 10个假设得到了支持，因此可以认为基本上验证了本研究的概念模型。研究结果表明绿色实践对行业内和行业外的社会关系促进作用是成立的，且行业内、行业外关系对企业财务绩效的促进作用显著。结果同时表明，企业社会关系（行业内、行业外关系）在绿色实践影响企业财务绩效的过程中起着中介作用。此外，调节效应检验结果表明竞争强度负向调节绿色实践对行业外关系的影响，且恶性竞争正向调节行业内、行业外关系的影响。本研究获得的结论不但对现有理论具有理论价值，同时具有重要的实践指导意义。下面，我们首先结合研究结果，对本研究中的每个假设内容展开讨论，随后总结本书的理论价值，最后说明本研究对我国企业在绿色实践方面的指导意义。

6.1   假设结果讨论

6.1.1   绿色实践对企业财务绩效的影响

在日益激烈的竞争环境中，企业要生存并发展就需要不断提高自身的竞争优势，从而提高企业财务绩效。而近年来的环境污染和产品安全问题，把企业推向了必须从事绿色实践、履行社会责任的风口浪尖。但是，企业在是否实施绿色实践决策上就遇到了"两难困境"，即若不实施绿色实践就会受到制度制裁和利益相关者的负面压力，而实施绿色实践又会产生财务方面的顾虑。在管理实践中，面对外界压力，企业从事绿色实践更为主要的一个目的就是满足利益相关者的要求，并同时转化为自身的竞争优势，从而提高企业财务绩效。然而新古典经济学的观点认为，在从事绿色实践的过程中，企业自身也会投入大量资源进行绿色技术创新、绿色实践创新等，并且需要承担相应的创新风险。因此，从成本和风险的角度考虑，企业绿色实践可能会直接影响财务绩效，不但不利于获得竞争优势，还有可能导致竞争优势的削弱甚至丧失。因此，在是否应该从事绿色实践的问题上，企业就面临了"两难困境"。

本质上说，该"两难困境"的主要问题就是企业管理者对绿色实践给企业带来的价值还不够明确。特别是在学术界，目前关于绿色实践对企业财务绩效的影响结果的判断仍然不一致，混乱的学术结果也影响了管理实践者的决策。因此，现今很多企业管理者都是迫于制度和环境的压力，被动消极地从事绿色实践，很多绿色活动更是表现为形式主义。例如，部分企业每年都会在企业社会责任报告中披露自身绿色实践的成果、承诺降低办公纸张消耗、节约能耗等。但是在现实管理中是否有相应的企业制度配合绿色实践的落实，仍然值得怀疑。在这种消极被动的绿色实践背景下，企业对绿色实践的不重视态度，很难真正地发挥绿色实践的价值。"两难困境"问题表明，学术界混乱的研究结果直接影响了管理者的决策，影响了人们对绿色实践的正确认识。正是在上述"两难困境"问题的驱动下，本研究通过238个国内样本，检验了绿色实践对企业财务绩效的影响，欲为企业管理者提供决策参考。

本书提出的假设1分析了绿色实践与企业财务绩效的影响关系。从实证研究结果来看，绿色实践正向促进了企业财务绩效（假设1得到支持）。由于绿色实践所传递出的绿色信号，可以满足利益相关者的要求，促进了企业与利益相关者之间的信任与互惠、交流与合作。该绿色信号的传递，在改善企业形象、提高企业声誉方面具有积极的作用。同时，绿色实践企业不仅可以通过吸引绿色消费者、增加绿色采购，而且可以通过绿色技术降低生产成本等。

本研究证明了上述观点。在现实中，部分中国企业往往由于不注重绿色实践方面的投入，轻视绿色战略而影响绿色实践的效果。在这种情境下，企业更容易受到环保部门、政府机构等相关监管机构的相应惩罚或者不支持态度的对待。但是积极从事绿色实践的企业却可以提高销售额、降低成本、减免环保问题引发的罚款,获得政府、行业协会等相关机构的支持,从而促进企业财务绩效。本研究的实证结果支持了 Babiak 和 Trendafilova（2011）等学者的观点,验证了绿色实践有利于提高企业财务绩效。同时,本研究也支持了 Sarkis 等（2011）的观点,验证了绿色实践有利于企业获得竞争优势,提高企业财务绩效。在以往的研究中,虽然绿色实践对企业财务绩效的影响结果存在争议,但是本研究进一步验证了绿色实践的正向影响。本研究结论解决了目前管理者在绿色实践时所遇到的"两难困境"问题。

6.1.2 企业社会关系在绿色实践影响企业财务绩效中的中介作用

假设 2 和假设 3 是本书分析的核心内容之一。相对于之前研究更进一步的是,本研究把企业社会关系（包括行业内关系和行业外关系）作为企业绿色实践的结果变量,而以往研究却很少考虑到这个方面。在信号理论的指导下,我们分析了企业绿色实践对行业内和行业外关系的影响。相关的实证检验发现,企业绿色实践与行业内关系、企业绿色实践与行业外关系都呈现出正相关关系（假设 2 和假设 3 得到验证）。由于绿色实践传递出来的绿色信号,使得信号接收方在对信号解读时,对绿色企业产生信任感和未来互惠预期以及交流合作等。因此,与绿色企业经营直接相关的行业内组织或者个人建立社会关系时,就具备了坚实的基础。绿色消费者由于绿色购买意愿,会被绿色企业的绿色信号所吸引,同行会存在预期互惠,因此会加强绿色实践方面的交流与合作,而供应商也会根据对绿色信号的评价,增加对绿色企业的信任度,从而促进双方关系的建立。同时,政府等监管部门在强大的社会舆论和民众要求下,对企业绿色实践会施加压力,进行监管。而企业给监管部门传递出的绿色信号,恰好可以缓解政府的监管压力,同时创造了社会绩效。这与 Jones 等（2014）、Su 等（2014）学者的观点保持一致,也获得了相近的研究结论,这说明企业绿色实践是企业与利益相关者建立良好关系的重要途径之一。

企业社会关系作为企业所拥有的特殊社会资本,在被企业合理利用的前提下,可以给企业产生重要影响。社会资本理论指出企业间的社会资本对于促进外部资源获取,实现创新起到了重要作用,与其他企业和部门之间的关系增加了获取相关信息、知识与技术的可能性。此外，社会资本增加了信息处理能力，使得内部资源能够更好地流动、转移和应用。在中国转型经济背景下，企业社会资本的主要表现为企业社会关系（Managerial Ties），即"管理者的边界扩展（Boundary - spanning）活动及与其关联的与外部实体的交互"（Geletkanycz 和 Hambrick，1997）。管理者可以利用企业的外部关系为企业牟利。例如，与客户的关系可带来更好的客户满意度和保持度；与供应商的紧密关系能够帮助企业获取高质量的原材料、产品服务以及及时的发货；而与竞争对手保持良好的关系可以使双方可能的企业间合作更加顺畅地进行（Peng 和 Luo，2000）。此外，尽管市场机制渐渐被引入到中国经济中，政府的监管体制仍然对企业运作有不可忽视的影响（Nee，1992；Peng 和 Heath，1996）。因此，企业的高层管理者仍然需要通过建立政府关系来获取政策支持和保护（Luo，2003；Xin 和 Pearce，1996）。

本研究与 Peng 和 Quan（2009）的思想保持一致，认为这种企业社会关系的价值体现过程把管理者层面的微观联系与企业层面的公司绩效联系起来。而这种微观到宏观的联系，有别于微观到微观的联系（管理者社会关系对管理者本身产生的影响）。虽然大量研究认为管理者社会关系可以提高企业绩效，但是也有相反的观点进行反驳。因此，学者们产生疑问，企业社会关系究竟是否可以提高企业财务绩效？于是，本研究中的假设4和假设5分析了行业内关系、行业外关系与企业财务绩效的影响关系。实证研究发现，行业内关系、行业外关系与企业财务绩效正相关（假设4和假设5得到支持）。研究结果验证了社会资本理论在企业社会关系对企业财务绩效影响过程中的解释。该研究结论与 Fan 等（2013）、Guo 等（2014）、Peng 和 Luo（2000）等研究结论均保持一致。

在上述5个假设分析的基础上，本研究认为之所以导致企业绿色实践影响财务绩效的研究结论不一致的原因可能是其中的作用机理不清晰，以往研究对中介变量的考虑不够充分。特别是中国转型经济背景下，绿色实践领域对企业社会关系的关注度不够。即在转型经济背景下，企业绿色实践是如何影响财务绩效的？为了解决上述问题，本研究提出了假设6和假设7，即分别验证了行业内关系和行业外关系在绿色实践影响企业财务绩效方面的中介作用。具体而言，企业绿色实践传递的信号能够促进行业内和行业外组织、个人对绿色企业的评价，便于促进双方关系的建立与维护。而企业的社会关系又可以促进企业财务绩效的提升。因此，企业社会关系在企业绿色实践与财务绩效间起着中介作用。本研究相关结论表明，行业内关系和行业外关系在绿色实践影响企业财务绩效方面的中介作用显著（假设 6 和假设 7 分别获得验证）。这一结果验证了本研究之前的假设，打开了绿色实践正向影响企业财务绩效的"黑箱"。解释了绿色实践影响企业财务绩效的作用机理，为未来学者提供了参考。

6.1.3 竞争强度、恶性竞争在绿色实践影响企业社会关系中的调节作用

在信号理论和绿色实践研究框架的指导下，本研究认为中国转型经济背景下，市场的竞争强度作为市场特征的情境因素对于企业绿色实践的效率会产生一定的影响。假设 8 和假设 9 分析了竞争强度对绿色实践影响行业内关系、行业外关系的调节作用。研究结果表明，竞争强度负向调节绿色实践对行业外关系的关系（假设 9 得到验证），但是对绿色实践与行业内关系的调节作用不显著。本书认为，在当今世界复杂多变的制度环境中（Chacar 等，2010；Dixit，2009；Ioannou 和 Serafeim，2012），企业绿色实践作为解决信息不对称的机制，其作用效果可能会由于不同的外部环境发生变化（Su 等，2014）。同时，信号理论认为在不同的外部环境下，信号的强度可能发生改变（Connelly 等，2011）。竞争强度较大的环境，意味着市场中竞争者的数量众多，企业存在资源稀缺等情况，很多企业都在绿色实践方面进行竞赛。此时企业为了生存更多的是关注如何降低成本，在竞争中得以生存等问题。此时，企业从事绿色实践活动所传递出的信号将受到影响，信号清晰度也会受到干扰，其对社会关系的促进作用也会发生变化。实证研究的结果表明，竞争强度会减弱绿色实践对行业外关系的正向影响（假设 9 得到支持），即对于政府等行业外组织而言，竞争强度的程度会影响信号所传达的内容和真实性。本书的这一研究结果，支持了 Su 等（2014）的观点，验证了不同外部环境会对绿色实践传递出的信号产生影响的结论。

值得注意的是，本研究的假设 8，竞争强度减弱绿色实践对行业内关系的正向影响并没有得到实证分析结果的支持。本书认为以下原因可能导致了结果的不显著：首先，由于新中国成立以来重点在于通过工业、制造业发展经济，导致环境污染、产品安全的问题积累多年，人们对绿色实践的需求也压抑了很久。近几年，虽然我国在经济转型的过程中存在竞争强度增大的情况，

但是企业、个人等对绿色实践的重视程度也逐步提高。作为行业内相关的个体或者组织，都是企业绿色实践的直接受益者，因此，绿色实践对企业社会关系的影响并不会因为市场竞争的增大而明显地被削弱。绿色企业的消费者、上下游等仍然认为绿色企业的可信度较高，即双方关系建立的基础并没有受到竞争强度的影响。其次，从文化的角度考虑，我国长期受到传统儒家思想的影响，孔子所提的"仁、义、礼"等思想就强调了人民利他以及做正确的事的思想。我国在过去严重污染阶段，为了经济利益放弃了部分社会效益，但是近年来随着经济发展到一定阶段，人民素质等各方面都有所提高。此时，儒家思想在我国仍然发挥着重要作用。因此，企业参与绿色实践活动被认为是理所应当的本分工作，从文化和伦理道德方面突出了绿色实践的强制性和必要性。而这种强制性导致了绿色实践对消费者等行业内组织或个人的效果可能不会受到市场竞争强度的影响。基于上述原因，竞争强度对于绿色实践和行业内关系的负向调节作用未能通过检验（假设8未得到支持）。

假设10和假设11分析了恶性竞争对于绿色实践和行业内、行业外关系的调节作用。结果表明，恶性竞争正向调节绿色实践与行业内、行业外关系的正向关系（假设10和假设11得到支持）。这主要是基于行业内组织、个人和行业外组织、个人对绿色信号的理解都呈现出积极态度的原因。虽然企业面临恶性竞争，从资源方面受到部分影响，但是在恶性环境中的绿色实践，犹如出淤泥而不染的荷花，更容易受到行业内、行业外组织和个人的欢迎。一方面，绿色信号吸引了他们的注意力，为信号的传递搭建了良好的传输环境；另一方面，绿色信号的信号接收端对信号进行解读时，更会呈现出积极的结果。因此，从关系建立的基础角度考虑，绿色信号在恶性竞争的环境下，能够促进企业与行业内、行业外关系的建立。本书的这一研究结论，与Su等（2014）学者的观点与结论保持一致，即认为在外部制度存在缺陷的情况下，企业从事绿色实践等社会责任活动，其传递出的信号强度等都会发生变化（Montiel等，2012）。在恶性竞争的制度环境下，企业的利益相关者会被混乱的市场所误导，消费者等获得企业和产品信息的能力较弱。因此，在恶性竞争这种制度不完善的背景下，企业的绿色实践所传递出的信号能够帮助利益相关者更好地评价该企业（Su等，2014），进而促进绿色实践影响企业社会关系的效率。

6.2   理论贡献

对比现有文献，本书的理论贡献主要体现在对绿色实践、社会关系研究以及竞争强度、恶性竞争研究等方面。

6.2.1   对绿色实践研究的贡献

本研究对绿色实践研究的贡献主要体现在如下几个方面：

第一，本研究再次检验了绿色实践如何影响企业财务绩效这一有争议的问题。本书以中国的转型经济为研究背景，将西方的热点问题结合当下国内的实际情况进行分析，本研究为绿色实践领域研究提供了新的研究背景，拓展了企业社会责任的研究框架。现有的企业社会责任领域研究已经指出了企业绿色实践对于财务绩效的复杂作用，特别是由 Freeman（1989）和 Friedman（1970）两大相对立的派系组成的学者们对该问题进行了广泛的研究和辩论，但是目前为止，该问题的研究结论仍然不一致。为了更系统地观测这两个变量间的关系，Orlitzky 等（2003）通过元分析（Meta Analysis）整合了 2003 年之前的所有实证研究，该系统量化研究发现企业社会责任与财务绩效之间的确存在显著的积极关系。Aguinis（2012）在对最近的相关研究进行论述性综述时（Narrative Review），也认为两者之间关系虽然存在争议，但积极影响仍是当下的发展态势（Aguinis，2012），本研究对这一结论进行了验证和深化。本书指出，在我国当下经济转型阶段，制度结构的不合理会进一步导致企业和利益相关者之间的沟通困难，即双方存在严重的信息不对称问题。例如，作为信息劣势方的消费者对企业生产过程、产品质量等信息都不清楚，而这种信息不对称就会影响消费者的购买决策。从信号理论的角度出发，为了控制这种信息不对称，企业通过绿色实践把积极信号传递出去，承担了信息传递桥梁的作用。绿色实践的企业通过传递绿色信号，将其与其他众多竞争者区分开，获得竞争优势。同理，投资者也会更加青睐这类绿色企业，进而在绿色方面侧重资本投入。换一个角度思考，企业绿色实践还可以被认为是弥补制度缺陷的有效机制（Su 等，2014）。通过绿色实践，在制度缺失的背景下获得政府认可、合法性地位等，都可以帮助企业获得竞争优势。综上所述，本研究对绿色实践领域研究的第一个贡献就是从信号理论角度解决了绿色实践的价值问题，回答了学者们们关心的"绿色实践是否值得（Does it pay off to be green?）"的问题（Dixon - Fowler 等，2013）。这与最近的诸多研究结论保持一致（McWilliams 和 Siegel，2010；Orlitzky 等，2003；Su 等，2014）。

第二，理论模型整合了转型经济背景下绿色实践与企业社会关系之间的关系。现有研究关于我国转型经济背景下，企业绿色实践影响社会关系的研究还较为缺乏。目前，该领域学者关注的结果变量大多是企业声誉、消费者忠诚度、消费者选择、企业财务绩效、公司能力等结果产出（Aguinis，2012），仅有少量学者研究了企业社会责任对企业与利益相关者关联（Stake-holder Associations）的影响研究，且仅局限在理论探讨方面，具体的实证研究还较为缺乏。此外，西方学者所指的这种关联与我国特有的"关系"存在较大差异（Sen 等，2006）。目前，西方学者所指的关系（Relationships）或者关联（Connections）更多的具有利用性、短期性和重视制度权威等诸多特色（Fan，2002），而中国传统儒家文化下的关系是人们平时建立的非正式连接。这种关系的基础是互惠的，且具有长期性和重视个人权威等特色（倪昌红，2011）。在西方研究关联问题的基础上，结合转型经济背景，探讨绿色实践与社会关系的影响，具有鲜明的本土研究特色。此外，本研究对探索社会关系的前因驱动因素研究具有重要意义。目前社会关系研究框架中，学者大多关注社会关系的结果变量、情境变量，最近较多关注中介因素，但是对于如何形成社会关系这一问题还缺乏足够重视（Guo 等，2014）。而本研究将绿色实践视为形成社会关系的驱动力，启发更多学者对社会关系前沿变量的关注。综上所述，本研究通过对两者进行整合，拓展了绿色实践和社会关系的研究框架，为进一步分析奠定了基础。

此外，本研究认为引入企业社会关系则能够更好地解释绿色实践对企业财务绩效的内部作用机理。本书的中介效应研究正好响应了 Barnett（2007）的号召，他在其研究中强调了企业与利益相关者之间的关系在企业社会责任与企业财务绩效之间的中介作用，且需要学者进一步进行实证检验。根据之前总结，目前对于"从事绿色实践究竟会怎么样"这一问题并没有得出一致结论的重要原因之一就是绿色实践和企业财务绩效之间的关系存在着黑匣子，其中的作用机理尚未充分挖掘。有的学者关注绿色实践给企业所带来的成本问题，认为绿色实践会直接影响企业利润，因而对企业财务绩效产生负面影响。而有的学者从绿色实践的社会绩效出发，认为绿色实践可以满足利益相关者的要求，从而获得竞争优势，提高企业财务绩效。但是，其内部作用机理却不够清晰。部分学者已经认识到挖掘内部作用机理的重要性，如沈灏等（2010）提出环境绩效等作为中介影响因素的可能性，但目前为止这方面的中介分析仍然不够系统。总结而言，现有基于战略管理视角的绿色实践研究把大量的篇幅用于讨论企业是否应该采取绿色实践战略，而没有去探讨更深层次的问题，如企业绿色实践战略是如何指导企业获得竞争优势的。相关研究大多聚焦于绿色实践对企业财务绩效的影响，但很少关注绿色实践战略对企业竞争优势的传导机制。因此，本研究引入了社会关系这一变量，认为绿色实践可以影响社会关系，进而促进企业财务绩效。通过深入探讨企业社会关系在绿色实践影响企业财务绩效中的作用机理，彻底打开"绿色实践——财务绩效"内部的"黑箱"。

第三，对信号理论的贡献。信号理论已经被管理学者广泛用于解释管理问题中信息不对称的问题（Connelly，2011）。例如，人力资源领域研究招聘过程中企业传递出的信号对招聘的影响（Turban 和 Greening，1997），企业家精神研究领域主要关注董事会特征、高管团队特征和天使投资情况等作为信号对企业的价值。而在绿色实践领域，采用信号理论进行相关研究文献还相对较为缺乏。虽然 Su 等（2014）在最新研究中尝试采用信号理论研究企业社会责任的问题，但是在绿色实践领域，还缺乏足够的文献支持。于是，本书从信号理论的角度出发，研究了绿色实践对企业社会关系的影响，其中包括行业内关系和行业外关系。在本书的研究问题方面，信号理论作为理论基础可以顺利地解释绿色实践对企业的价值，其传递出的绿色信号在解决多方信息不对称方面具有重要的作用。综上所述，本书以信号理论作为理论基础来探索绿色实践对企业社会关系的作用，拓宽了信号理论的研究领域，为绿色实践领域的学者提供了新的研究视角，为今后的研究奠定了基础。

第四，本研究回应了 Aguinis 等（2012）学者的呼吁，引入了竞争强度和恶性竞争两个调节因素，将市场、制度的情境、绿色实践与社会网络联系起来，弥补了以往绿色实践对于跨边界情境变量考虑较少的不足。绿色实践研究在经历了 30 年的高速发展，至今已成为商业伦理和企业社会责任领域的关键研究问题之一。特别是 Orlitzky 等（2003）、Allouche 和 Laroche（2005）、Dixon－Fowler 等（2013）、Endrikat 等（2014）纷纷采用元分析的技术系统地分析了企业绿色实践对财务绩效的影响，这个问题一直是该领域的研究重点和复杂点。现有大多数研究结论都认同绿色实践对企业带来的重要价值和积极影响，但是关于绿色实践价值体现的过程是否受到不同外部情境因素的影响，这方面的研究分析还相对比较有限。具体而言，现有文献主要关注的是为何会从事绿色实践以及绿色实践会产生何种效果，关于绿色实践战略与结果变量之间可能存在的调节变量（制度因素、市场特征等）缺乏研究，这也被认为是绿色实践战略与结果变量间关系的研究没有得出一致结论的原因所在（Christmann，2000）。虽然 Aragon - Correa 等人（2003）研究了相关情境变量的作用，但是，现有研究仍然侧重于如公司规模、冗余资源、公司知名度（Firm Visibility）等组织层面的调节因素，还有研究关注员工自由裁量权（Employee Discretion）、监管影响（Supervisory Influences）等个人层面的调节因素。对于制度和市场层面的调节效应研究总体而言仍然相对缺乏。已有学者提出，绿色实践的研究应该给予多种情境因素更多的关注，以全面地理解绿色实践的价值和效果（Aguinis 等，2012）。因此，本研究将竞争强度作为情境因素引入到绿色实践和企业社会关系的框架中，分析了制度和市场层面对绿色实践与企业社会关系之间的调节作用，拓展了绿色实践研究领域情境和研究范围与内容，丰富了绿色实践研究框架中调节变量、情境因素的研究。

6.2.2　对企业社会关系研究的贡献

本书对企业社会关系研究的贡献主要体现在如下几个方面：

首先，本研究对企业社会关系的概念和分类进行了仔细研究，在对以往研究分类的基础上，我们对企业社会关系的分类进行了总结，提供了新的细分范式。2000 年以前，关于中国特色关系的研究大多并不特意分类，但是在 Peng 和 Luo（2000）的标志性研究之后，大多数研究沿用了他们分类，即依据企业面对的外部对象不同，把社会关系分为商业关系（Business Ties）和政治关系（Political Ties）。商业关系主要是企业高层管理者与上下游、同行业之间的关系，而政治关系主要是企业高层管理者与政府官员之间的关系。到目前为止，在企业社会关系研究领域，Peng 和 Luo（2000）的经典研究，其引用率仍然是同行中最高的，可见其具有重大影响力。当然，随着研究的不断深入和发展，越来越多的学者注意到管理者社会关系的其他组成形式，例如，与媒体之间的关系、与社区之间的关系、与高校等科研单位之间的关系，还有与组织内部人员的关系等。随着中国步入 WTO，市场经济的不断转型，中国的企业正受到西方发达国家跨国企业的压力。为了在本土市场中保持竞争优势以及争取拓展海外市场，中国企业就不得不考虑到其他利益相关者。而企业与这些利益相关者之间的关系也是至关重要的。Peng 和 Luo（2000）的分类已经和该领域的研究趋势产生些许偏离，特别是 Gao 等（2008）学者充分认识到企业与高校等科研机构关系的重要性，并研究了其作用价值。为了避免企业社会关系在覆盖面上的问题，本研究把社会关系分为行业内关系和行业外关系。这样的分类涵盖范围更广、更能够系统地分析企业社会关系的价值，完善了网络的研究框架，丰富了社会网络研究的内容。同时，对于上述两种关系，由于其与企业交往的方式不同，其掌握企业的信息也不同，因此，对于研究绿色实践价值的不同体现具有重要意义。

其次，本书将企业社会关系引入到绿色实践的框架中，提出了企业社会关系的重要前因变量——绿色实践，拓展了企业社会关系领域的研究。以往对于社会网络的研究已经逐渐关注到了网络的一些属性对创新、财务绩效等结果变量的作用（例如，Rowley 等，2000；Stam 和 Elfring，2008；Tiwana，2008；Ahuja，2000），但是对网络的前因变量缺少系统和深入的分析。现有关于企业社会关系的前因主要涉及的是公司层面特征和行业环境（Peng 和 Quan，2008）。公司层面特征包括所有权、战略导向、企业规模等，行业环境包括结构不确定性、行业规制、竞争强度、产能利用等。但是，对于绿色实践对企业社会关系的影响还缺乏足够的研究，忽视了绿色实践活动作为当今特点问题，对企业社会关系的影响。本研究将绿色实践视角与社会网络理论结合起来，从绿色实践传递的信号出发，全面分析了绿色实践对不同社会关系的影响（行业内关系和行业外关系）。同时，本研究还再次验证了行业内关系和行业外关系对企业财务绩效的促进作用，这与以往研究结论保持一致（Peng 和 Luo，2000；Li 和 Zhang，2007；Guo 等，2014）。本研究拓展了网络研究的内容，不仅更为系统和深入地研究了绿色实践对企业社会关系的作用，而且揭示了绿色实践通过信号传递，影响企业社会关系，从而促进企业财务绩效这一作用路径。此外，以往多数研究仅仅把企业社会关系作为前因变量或者调节机制来研究，很少有研究将企业社会关系作为中介作用机制来研究组织的管理问题，而本研究为学者提供了新的视角和思路。

最后，本书将社会网络理论、制度环境、市场环境结合起来，分析了制度和市场环境对企业关系受前因变量影响的调节作用。现有研究大多关注于企业社会关系在影响结果变量时，受到情境的影响作用。例如，学者探索了行业环境（竞争强度、结构不确定性、行业部门、行业成长）、公司特征（所有权、公司规模、战略导向、吸收能力）对关系影响绩效等方面的影响。例如，Acquaah（2007），Li 等（2008），Gao 等（2008）。但是，对于企业社会关系的前因变量影响作用的情境因素却缺乏足够的研究，社会关系的研究框架有待补充和完善。而本研究正是响应了 Peng 和 Quan（2008）等学者的呼吁，更深入地研究了企业社会关系的形成路径问题。同时，虽然现有研究关注了绿色实践的价值，但是也很少有研究注意制度环境、市场环境等情境因素对绿色实践价值体现的影响（Su 等，2014）。因此，本研究同时还丰富了绿色实践的情境研究。

6.3 实践意义

本书的研究结论对企业的管理实践具有重要意义。随着我国居民收入水平和生活水平的提高，消费者更加重视产品的质量问题，安全、优质、营养的绿色产品日益受到消费者的青睐。此外，日益恶化的空气污染、水源污染等问题正威胁着我们每一个人的身体健康。因此，企业绿色实践成为了当今商业道德和战略管理较为热门的话题。但是我国的企业绿色实践还存在起步晚、意识差等问题，特别是随着我国加入 WTO，越来越多拥有先进管理理念和绿色实践意识的国外企业加入到我国市场竞争中来，而我国企业也面临着走出国门，加入国际化竞争行列中的现实。除此之外，我国企业还要应对绿色技术创新能力较弱、绿色知识积累不充分等不足，面对我国转型经济情况下的特殊环境因素。在这种情况下，为了在动态环境中求得生存，取得竞争优势，企业往往需要通过广泛地建立社会网络，更好地体现绿色实践的价值。另一方面，面对快速变化的市场环境，有的企业可以抓住市场机遇，成功开展绿色实践，更多的企业，尽管已经深刻认识到绿色实践和企业社会关系的重要性，但仍然不能很好地发挥绿色实践的作用提高社会关系。与发达国家企业相比，我国企业资源缺乏的情况严重，通过建立社会网络、寻求外部资源是提高学习能力的重要途径。而要充分发挥外部资源的作用，我国企业需要特别注意企业所面临的市场环境和制度结构。因此，详细分析绿色实践、企业社会关系、恶性竞争和竞争强度之间的关系，对我国企业建立竞争优势，具有重要的指导意义。

　　具体来看：第一，企业从事绿色实践活动可以显著提高企业财务绩效水平，因此企业在面对"两难困境"时应该积极采取绿色实践战略。本研究和以往的部分研究结论保持一致，即绿色实践对企业而言具有积极的意义（Mc-Williams 和 Siegel，2010；Orlitzky 等，2003；Su 等，2014）。然而，随着贸易摩擦的不断增加、人民币汇率波动以及原材料价格上涨等因素给中国企业现有的学习战略和经营模式提出了新的挑战。因此，企业管理者应当正确认识绿色实践与企业财务绩效之间的关系，特别是在新的竞争环境下，要想实现竞争优势的提升不能仅仅依靠成本优势，而且必须开展绿色实践战略。例如，引入全新的绿色制造技术、全新的绿色产品等。虽然在这种绿色战略下，企业通常需要投入大量的资源，进而在短期内对企业成本造成压力，但是管理者需要具有长远的盈利眼光，追求可持续的发展目标。因此，企业需要充分重视绿色消费者等外部利益相关者，通过开拓新顾客、稳定老顾客的方式，巩固现有的市场地位。这需要企业根据现有绿色消费者需求的变化和市场竞争情况对现有的产品进行改进，例如，通过改进管理方法、生产方式提高生产效率、降低成本，对现有产品的外观进行改进以满足绿色消费者的个性化需求等。这些问题一般需要标准化的流程，建立稳定的程序和管理过程，进行责任明确的控制。此外，虽然绿色实践可以解决绿色企业与其他外部个人或者单位之间的信息不对称问题，但是，信息不对称的问题还会受到距离、社会、文化等因素的影响（Simpson 等，2007）。特别是对于跨国企业而言，更需要考虑距离和文化对信息不对称的影响，即在绿色实践过程中，必须考虑到距离是否合适、文化是否存在较大差异等因素。

　　对于政府、行业协会等监管机构而言，我国的企业绿色实践尚处于初期阶段，而绿色实践行为的主要推动力来源于上述监管机构（王倩，2014）。因此，相关机构需要认识到中国企业目前的绿色实践状况，了解企业管理者的绿色实践决策思路。我们知道，部分企业对绿色实践持消极态度，主要是从成本增加和实施方法错误两个角度考虑（Porter 和 Kramer，2006）。特别是，我国企业还没有广泛认识到实施绿色实践等企业社会责任，可以为企业带来合法性定位、改善企业形象以及规避不必要的风险等诸多利益。目前更多的管理者虽然了解绿色实践在理论上的优势，但实践中仍然把其作为负担，企业也并不具备积极的绿色实践战略。因此，这些都影响了绿色实践的推广工作。因此，政府等监管机构应该合理地推广企业绿色实践，同时给予企业管理者对绿色实践思维吸收和消化的时间，促使企业管理者树立可持续长远发展的眼光。只有当企业真正认识到绿色实践有助于树立企业社会形象、赢得品牌声誉、提升经营绩效时，企业才有内生动力积极地、可持续地承担社会责任。再次，行业协会、非政府组织等组织应充分发挥其内部治理和导向作用，引导企业积极开展绿色实践活动。根据行业特征建立健全企业绿色实践评估体系，公开评估结果，披露企业不当行为。非政府组织等应充分发挥其专业化管理的优势，为企业开展绿色实践搭建高效的实施平台。

第二，企业社会关系是企业提高绩效的有效途径。大量研究已经证明，拥有良好的商业关系和政治关系的企业对于企业建立和保持竞争优势有着重要的影响（Peng 和 Luo，2000）。在现实中，中国企业的学习活动往往受到资源的限制，因而获取外部资源具有非常重要的意义。本研究指出，企业通过建立社会网络，充分获取外部的资源并通过外部网络联系培养多种能力，可以促进企业财务绩效的提升。但是，仅仅在商业关系、政治关系两个方面处理好社会关系是不够的，企业还需要注意行业协会、媒体、高校等其他各个利益相关者。因为在当今逐步开放的市场经济环境中，上述利益相关者对企业的影响不亚于供应商、客户等直接利益相关者。因此，企业必须和各类利益相关者建立长期合作关系，加强相互之间的交流。

第三，绿色实践是企业提高社会关系的有效途径。既然企业的社会关系对于企业绩效非常重要，那么是什么促使企业实现这种社会关系呢？在现实中，中国企业的社会关系往往建立在彼此信任、互惠互利的基础上，因而想要建立关系，就必须充分得到其他企业或者个人的信任。本研究指出，企业通过绿色实践，发射出绿色信号并充分获取外部的信任，可以促进双方关系的建立和维护。但是，企业绿色实践在什么样的情况下会促进社会关系，什么样的情况下不会产生作用，还需要企业谨慎把握。本研究就为企业绿色实践作用何时产生效果这一管理问题提供了帮助。结论表明，在恶性竞争的环境中，企业应该积极从事绿色实践活动，因为绿色实践可以促进行业内和行业外关系的建立。但是，在竞争强度较大的情况下，企业绿色实践活动对行业外关系的影响会减弱。这意味着，在竞争强度较大的情况下，企业无法通过绿色实践很有效地与政府、行业协会、社区等建立良好的社会关系。相应的，绿色实践活动对行业内关系的影响不受到竞争强度的影响。这些实践建议可以指导管理者在面对绿色实践带来的价值时，得以正确认识。企业要着重审视外部环境，选取合适的市场、制度环境来有效地利用好企业绿色实践。

　　此外，对于政府和相关制度制定者而言，我国由于历史原因，在绿色实践、制度结构等方面均落后于西方发达国家。特别是在经济转型的过程中，制度不完善的缺陷突出，恶性竞争等现象频繁发生。因此，一方面要正视我国绿色实践的发展现状，另一方面要继续建立和完善制度框架，丰富相关的法律法规，制定企业履行绿色实践的激励机制以及相应的曝光和惩处措施，减少恶性竞争的现象，维持行业的和谐发展。政府相关部门应该对积极履行社会责任的企业和逃避社会责任的企业实施相应的激励和惩罚措施。针对积极履行社会责任的企业，一方面加大宣传力度、树立标杆企业，另一方面在金融信贷、市场准入、税务减免等方面给予优待。而针对逃避社会责任和污染处理差的企业，应该严厉执行罚款甚至勒令停产的惩处。近年来，我国政府部门也通过制定颁布法律法规，引导和鼓励企业履行社会责任。例如，上交所就要求上市公司承担社会责任并及时进行披露，对上市公司社会责任承担工作提出全面要求，并在入选上证公司治理板块方面有限考虑积极披露社会责任报告的公司。中国银行业协会也对金融机构的社会责任提出要求，详细列举了银行业金融机构所需承担的经济责任、社会责任及环境责任等。目前，我国对企业社会责任的重视仍处于初期阶段，政府等监管部门应该通过制定并实施相关环境、产品安全等方面的法规和政策，有效引导和督促企业重视和履行绿色实践。虽然我国在 2009 年出台了循环经济促进法，但是相关配套制度仍不完善，宣传力度也相对较为欠缺。综上所述，只有政府部门和企业之间相互配合，才能获得企业经济绩效和社会绩效同步提升的双赢局面。

7 结论与展望

7.1 主要研究结论

本研究在整合信号理论、社会资本理论的基础上，构建了关于绿色实践、企业社会关系、恶性竞争、竞争强度与企业财务绩效的研究框架，并对这些变量之间的关系进行了理论探讨和实证检验，提出了 11 条理论假设，采用 238 家中国企业作为样本进行了数据验证。通过研究发现得出以下主要结论：

1）绿色实践有利于企业财务绩效的提升

基于信号理论，本研究解决了绿色实践的"两难困境"问题，即企业究竟是否应该积极从事绿色实践活动。目前关于绿色实践影响企业财务绩效的研究结论一直存在争议，且不同领域学者通过不同理论进行了解读。根据信号理论，本研究认为企业绿色实践可以向外界传递绿色信号，使消费者、政府机构、行业协会等利益相关者进一步加深对绿色企业的认识，弥补了双方之间的信息不对称问题。在信号传递过程中，信号接收者对信号的积极解读可以促进双方建立信任、合作等关系，从而获得竞争优势。本研究的实证结果也支持了上述观点，认为企业绿色实践可以促进企业财务绩效的提升。

2）企业社会关系在绿色实践影响企业财务绩效的过程中起着中介作用

首先，本研究认为，企业通过绿色实践传递绿色信号，可以促进行业内、行业外关系。信息经济学认为，市场中普遍存在着组织间信息不对称的问题，特别是在中国这类制度转型背景下，信息的交换表现得更为困难。此时，绿色实践作为积极信号传递给消费者等外部组织，不但解决了双方信息不对称的问题，而且彼此在信任、合作、互惠预期等方面都有所突破。而这些因素正好又是社会关系形成和建立的必要条件。因此，绿色实践可以正向促进企业社会关系。

其次，行业内关系和行业外关系作为企业社会关系的两种类型，分别对企业绩效都具有非常重要的作用。行业内关系可以给企业带来诸如市场信息、知识共享等资源，而行业外关系可以提供政治支持、政策优惠以及项目机会等。特别是在我国转型背景下，制度不完善导致企业社会关系的重要性凸显，本研究的结论与以往大多数研究保持一致，即认为行业内关系和行业外关系可以促进企业财务绩效的提升。

最后，根据上述研究结论、信号理论和社会资本理论，本研究发现企业社会关系（行业内关系、行业外关系）是企业绿色实践影响企业财务绩效的中介作用机制，是"绿色实践——财务绩效"框架内部黑匣子的核心内容。企业社会关系反映了企业的社会网络，而绿色实践反映出企业敢于通过参与富有创新性和冒险性的绿色实践活动积极主动地获得其他组织或个人的信任。而这一系列的研究结果和论证表明了企业社会关系在绿色实践影响企业财务绩效的过程中起着中介作用。

3）竞争强度与恶性竞争对绿色实践影响企业的两种社会关系过程中起着调节作用

本研究发现，竞争强度负向调节绿色实践对行业外关系的影响，而对行业内关系的调节不显著。竞争强度是一种市场特征，反映的是某一市场中竞争者的数量。在竞争强度较大的市场环境下，往往呈现出企业资源紧张、管理者精力有限等特征。由于企业受到资源的限制，此时从事绿色实践会被其他组织或者个人认为是企业试图获得差异化竞争优势的利己行为，甚至会被视为一种机会主义行为。因此，竞争强度会负向影响企业绿色实践对行业外关系的影响，但是本研究未发现竞争强度对绿色实践影响行业内关系的显著调节作用。我们认为可能的原因是目前环境问题、产品问题涉及到每个人的利益，因此，无论市场竞争环境如何，只要企业从事绿色实践就会向人们传递积极信号，同时建立信任感。

本研究还发现，恶性竞争可以正向促进绿色实践对行业内、行业外关系的建立和维护。恶性竞争反映的是企业所面临的制度环境，尤其是在中国这类转型经济环境下，相关法律制度不够完善，市场中漏洞较多。因此，部分企业就会根据这些法律制度的漏洞采取机会主义行为、仿造、伪造等不正当竞争的行为。而在这样的环境下，企业之间往往由于信息不对称的原因而无法建立彼此的信任，无法建立良好的社会关系。而企业的绿色实践行为从信号角度给外部组织或个人传递出了积极的信号，解决了双方信息不对称的问题。而外部组织或个人在接收到绿色信号时，对信号的解读会受到制度环境的影响。在恶性竞争的环境中，企业从事绿色实践活动，会被认为是一种自发的利他行为，从而增加信任感，为关系的建立奠定了坚实的基础。

7.2 本书主要创新点

本书在先前相关研究的基础上，构建了关于绿色实践、企业社会关系、恶性竞争、竞争强度以及企业财务绩效的概念模型，提出相应的 11 个假设，并通过实证检验证实了提出的假设，从而全面、深入而又系统地分析了变量之间的关系。概括起来，本书的创新性工作主要体现在以下几个方面：

第一，本研究基于信号理论，从企业社会责任和社会资本的整合视角，关注了以往绿色实践研究中较少涉及到的企业社会关系这一变量，检验了绿色实践对企业社会关系的影响，拓展了绿色实践的结果变量研究。

在经典的企业绿色实践研究中，利益相关者理论是主流的理论基础，但是并没有深入挖掘并解释绿色实践价值体现过程中的内部机制问题。信号理论随着信息经济学不断发展以来，在管理研究领域也得到广泛运用，例如，在人力资源管理、财务管理、组织多样性管理等研究领域都有涉及。但是，战略管理研究领域的学者对信号理论的关注却不够（Montiel 等，2012）。除了目前最新的 Su 等（2014）学者把信号理论作为研究的理论基础运用到企业社会责任领域，信号理论在该领域的其他研究还很少。从现有绿色实践的研究框架中可以发现，绿色实践的结果变量中很少涉及信任和合作等变量，而涉及企业社会关系的研究则更少。本研究基于信号理论，将企业社会关系引入到绿色实践的研究框架中，指出企业绿色实践可以传递出绿色信号，从而解决了企业和外部组织、个人之间信息不对称的问题，促进了双方的信任，为培养良好社会关系打下了基础。此外，以往研究对于企业社会关系的前因分析，多数集中在公司特征和市场特征，对于企业社会责任、绿色实践方面的因素关注较少。本研究从绿色实践的角度出发，研究了绿色实践对不同社会关系维度的作用，拓展了绿色实践和社会关系的研究框架。

第二，本研究把企业社会关系作为企业绿色实践影响财务绩效的中介作用机制，从而为绿色实践和企业社会关系之间的沟通搭建了桥梁。

以往绿色实践和企业社会责任领域的研究，大量侧重关注前因变量、结果产出和调节因素，但是对企业绿色实践与相关产出潜在作用机制的理解仍然不足（Aguinis 和 Glavas，2012）。Aguinis 和 Glavas（2012）通过整理研究发现，目前该领域的研究中，仅有约7%的文献是关于绿色实践影响相关产出的中介效应研究，仅4%的研究关注个人层面的中介作用。虽然他们把现有的中介变量分类为关系（Relationships）和价值观（Values），而此"关系"是指组织间的联系（Associations），并非中国特色的"关系"。此外，现有关于社会关系的研究主要把关系作为主线变量，分析其前因和结果，也有部分研究把关系视为情境因素，将社会关系这种社会资本视为一种外部资源，探索了社会关系在管理问题中的调节效应。但是，还很少有研究将社会关系作为中介变量进行挖掘。因此，在"绿色实践——财务绩效"的研究框架中引入社会关系，是本研究的另一个重要创新点。

第三，深入探讨了竞争强度、恶性竞争对于绿色实践影响企业社会关系的调节作用，以一个新的视角分析了市场特征、制度特征的作用，从而丰富了绿色实践和企业社会关系领域的研究。

现有文献很少关注信号在传递过程中是否受到制度情境的影响（Montiel等，2012）。同时，在企业社会关系的前因变量研究中也忽略了制度和市场对主效应的调节作用（Peng 和 Quan，2009）。本书采用新的视角，指出竞争强度和恶性竞争分别作为市场特征和制度特征，能够影响信号接收端的情况，即信号接收者对信号的解读结果。具体来讲，本书从绿色实践所发射的信号出发，在竞争强度较大的环境下，由于资源的匮乏和紧张，企业此时从事绿色实践往往被认为是差异化竞争战略或者其他利己行为。而恶性竞争作为制度特征，反映了在中国等转型经济下特殊的制度环境。在不正当竞争较为普遍的情况下，企业的绿色实践活动具有传递正能量的作用。即恶性竞争企业间都在从事利己行为，完全抛弃了消费者、大众的公共利益。但是，此时如果企业从事绿色实践活动，该绿色信号有别于恶性竞争企业相关不正当经营的恶性信号，会给利益相关者一种值得信任的感觉。即绿色信号提高了消费者、供应商、同行、政府、行业协会等诸多利益相关者对企业的信任度，同时企业的形象、声誉、顾客忠诚度等多个积极方面的表现也会有所提高。而这些都为双方建立良好的社会关系奠定了坚实的基础。

第四，针对企业经营过程中面对的不同利益相关者，重新对企业社会关系进行分类，即把企业社会关系分为行业内关系和行业外关系，从而提供了新的细分范式，拓展了企业社会关系的研究内容。

以往对于企业社会关系的分类研究，主要延续了 Peng 和 Luo（2000）最初的分类，即把企业社会关系分为商业关系和政治关系两大类，并没有把企业与行业协会、社会、媒体等其他利益相关者之间的关系涵盖入内。但是，近几年随着我国经济的不断发展，企业所面临的环境越来越复杂，企业所需要面对的组织或者个人也越来越复杂。而类似行业协会等其他利益相关者对企业而言也越来越重要，因为这类组织也可以间接地影响企业发展。Peng 和 Luo（2000）在其论文的局限性部分，也承认了未来研究可以更深入广泛调查其他类型的关系对企业的影响，例如与公司内或者政府部门中具有以往高级管理经验的管理者之间的关系、与同行业或者类似行业管理者之间的关系，或者与政府部门不同层级官员之间的关系等等。因此，本研究在 Peng 和 Luo（2000）分类的基础上，从对企业信息掌握的程度出发，把企业社会关系重新分类为行业内关系和行业外关系。行业内关系是与企业经营直接相关的利益相关者之间的关系，与 Peng 和 Luo（2000）的商业关系类似，这类对象掌握企业的信息相对较多；而行业外关系却包含了政府、高校、媒体等更多的利益相关者，而这类利益相关者与企业的经营间接相关，其对企业信息的掌握也相对偏少。因此，本研究为这样的分类提供了新的细分范式，更适合当今市场环境，也更适合深入分析社会关系的本质与价值。

7.3 研究局限与未来研究方向

本研究在整合信号理论和社会资本理论的基础上，构建了关于绿色实践、企业社会关系、竞争强度、恶性竞争以及企业财务绩效的研究框架，并对这些变量间关系进行了理论探讨和实证检验。虽然本研究基本上达到了预期的研究目标，具有一定的创新性、理论价值和实践意义，但是也存在一定的局限性。这些局限性同时又为未来研究指明了方向，其中主要表现在以下几个方面：

第一，本研究主要选择了绿色实践来进行研究，该绿色主要是指环境保护和产品安全方面的内容。而正如之前文献综述中提到的，绿色实践和企业社会责任领域中包含的内容多种多样，绿色实践仅为其中的一部分内容。因此，学者需要对其他内容进行更全面、深入的研究。事实上，企业社会责任的其他一些重要内容，如企业慈善捐助、客户责任、员工人性化待遇等，也有可能对企业社会关系具有影响。不仅如此，企业社会责任是一个复杂的集合，众多内容之间可能存在非常复杂的联系。例如企业绿色实践与慈善捐助是否都可以促进企业财务绩效？两者的影响强度是否存在差异？两者对企业的影响是互补还是替代的作用？因此，为了更全面地反映企业社会责任的复杂影响，未来研究应该综合考虑更多的企业社会责任内容。此外，本研究中关注了企业社会关系的中介作用，但是未考虑到例如正统性等因素，可能也是解释"绿色实践——财务绩效"的中介机制。因此，未来学者可以更多地探索其他中介机制。

第二，本研究侧重关注了企业绿色实践对结果变量的影响，但是现实情况中，政府等监管机构可能更关心绿色实践的前因变量。比如，制度完善情况（针对绿色行为的相应奖惩措施）、媒体的公信度等都可能对企业绿色实践行为产生影响，这样的研究更具有政策性和实践性意义。值得注意的是，我国政府等监管机构近年来受到环境保护和产品安全的巨大压力，而在制度缺失的情况下，政府从某些程度上表现出与企业积极的合作关系，从而缓解自身压力。这类问题都是在我国特殊转型经济背景下产生的，具有特殊的研究价值。因此，未来的学者可以从前因变量的角度进行考虑。

第三，本书研究了竞争强度和恶性竞争作为组织情境对绿色实践与企业社会关系之间影响的调节作用，而组织情境包含了多种因素，未来研究需要关注更多的情境因素。虽然竞争强度和恶性竞争在一定程度上反映了市场环境和制度特征，但是还存在其他很多调节因素对绿色实践的价值产生影响。而且，由于组织的复杂性，不同情境因素之间的匹配和组合会对绿色实践的作用产生综合影响。因此，今后的研究应该注意两个方面：一方面进一步深入分析其他情境因素可能带来的影响，特别要注意同一情境因素中不同维度、不同分类之间的交互作用；另一方面深入分析不同情境因素的互动关系（即交互作用）对绿色实践的作用。

第四，在数据和方法方面，本书由于受到样本特征的局限，应进一步比较不同制度背景下绿色实践对企业社会关系及其效果的影响作用。本书通过238家企业的数据，验证了绿色实践、企业社会关系、竞争强度、恶性竞争以及企业财务绩效的研究框架。虽然在理论上，本书论证了该框架的普遍适用性，但是实证检验的结果是基于中国这一转型经济的分析样本得出的，结论是否适用于其他制度环境，需要进一步确认。由于每个制度环境的不同特点，未来研究应该在其他西方制度背景下检验本书的研究框架，并比较不同制度背景下结论的差异。此外，本研究中的数据来源主要是通过管理者的自我报告，即通过对管理者发放问卷并让其进行主观评估所得。因此，这样的数据来源存在一定的问题，例如问卷问题的答案会受到管理者自身的主观因素、教育背景、信息量、情绪以及其他各种因素的影响（Weterings 和 Koster，2007），从而可能导致共同方法偏差。虽然本研究已经采取诸多措施尽力避免上述问题，但是未来学者如果能同时收集到管理者主观数据和客观数据相结合的话，模型结果将会更有说服力。如果数据来源的条件成熟，未来学者可以通过这种方式进行研究，也许会得到更有价值的研究结果。另外，受到数据收集工作难度的局限性，本研究无法进行纵向研究，而绿色实践对财务绩效的影响可能存在时间差。因此，未来学者可以扩大数据收集的时间范围，采用纵向研究方法做进一步深入研究。

参考文献

[1] Acquaah, M. Managerial social capital, strategic orientation, and organizational performance in an emerging economy [J]. Strategic Management Journal, 2007, 28 (12): 1235 – 1255.

[2] Adams, M. & Hardwick, P. An analysis of corporate donations: United Kingdom evidence [J]. Journal of Management Studies, 1998, 35 (5): 641 – 654.

[3] Adler, P. S. & Kwon, S. – W. Social capital: Prospects for a new concept [J]. Academy of Management Review, 2002, 27 (1): 17 – 40.

[4] Aguilera, R. V., Rupp, D. E., Williams, C. A. & Ganapathi, J. Putting the S back in corporate social responsibility: A multilevel theory of social change in organizations [J]. Academy of Management Review, 2007, 32 (3): 836 – 863.

[5] Aguinis, H. Performance management [M]. Upper Saddle River, NJ: Pearson Prentice Hall, 2009.

[6] Aguinis, H. Organizational responsibility: Doing good and doing well [R]. In APA handbook of industrial and organizational psychology. Washington, DC: American Psychological Association, 2011.

[7] Aguinis, H. & Glavas, A. What we know and don't know about corporate social responsibility a review and research agenda [J]. Journal of Management, 2012, 38 (4): 932 – 968.

[8] Ahuja, G. Collaboration networks, structural holes, and innovation: A longitudinal study [J]. Administrative Science Quarterly, 2000, 45 (3): 425 – 455.

[9] Aiken, L. S. & West, S. G. Multiple regression: Testing and interpreting interactions [M]. Newbury Park, CA: Sage, 1991.

［10］ Akerlof, G. A. The market for "lemons": Quality uncertainty and the market mechanism ［J］. The Quarterly Journal of Economics, 1970: 488 – 500.

［11］ Allouche, J. & Laroche, P. A meta – analytical investigation of the relationship between corporate social and financial performance ［J］. Revue de gestion des ressources humaines, 2005 （57）: 18.

［12］ Ambec, S. & Lanoie, P. The strategic importance of environmental ［R］. Managing Human Resources for Environmental Sustainability, 2012: 21 – 35.

［13］ Amburgey, T. L., Kelly, D. & Barnett, W. P. Resetting the clock: the dynamics of organizational change and failure ［R］. Paper presented at the Academy of Management Proceedings, 1990.

［14］ Ang, S. H. Competitive intensity and collaboration: Impact on firm growth across technological environments ［J］. Strategic Management Journal, 2008, 29 （10）: 1057 – 1075.

［15］ Aragon – Correa, J. A. Strategic proactivity and firm approach to the natural environment ［J］. Academy of Management Journal, 1998, 41 （5）: 556 – 567.

［16］ Aragon – Correa, J. A. & Sharma, S. A contingent resource – based view of proactive corporate environmental strategy ［J］. Academy of Management Review, 2003, 28 （1）: 71 – 88.

［17］ Armstrong, J. S. & Overton, T. S. Estimating nonresponse bias in mail surveys ［J］. Journal of Marketing Research, 1977: 396 – 402.

［18］ Auh, S. & Menguc, B. Balancing exploration and exploitation: The moderating role of competitive intensity ［J］. Journal of Business Research, 2005, 58 （12）: 1652 – 1661.

［19］ Bénabou, R. & Tirole, J. Individual and corporate social responsibility ［J］. Economica, 2010, 77 （305）: 1 – 19.

［20］ Babiak, K. & Trendafilova, S. CSR and environmental responsibility: motives and pressures to adopt green management practices ［J］. Corporate Social Responsibility and Environmental Management, 2011, 18 （1）: 11 – 24.

［21］ Bain, J. S. Barriers to new competition: their character and consequences in manufacturing industries [M]. Cambridge, MA: Harvard University Press, 1956.

[22] Baker, W. E. Market networks and corporate behavior [J]. American Journal of Sociology, 1990: 589 – 625.

[23] Banerjee, S. B. Managerial perceptions of corporate environmentalism: interpretations from industry and strategic implications for organizations [J]. Journal of Management Studies, 2001, 38 (4): 489 – 513.

[24] Banerjee, S. B. Corporate environmentalism: the construct and its measurement [J]. Journal of Business Research, 2002, 55 (3): 177 – 191.

[25] Bansal, P. & Roth, K. Why companies go green: a model of ecological responsiveness [J]. Academy of Management Journal, 2000, 43 (4): 717 – 736.

[26] Barnett, M. L. Stakeholder influence capacity and the variability of financial returns to corporate social responsibility [J]. Academy of Management Review, 2007, 32 (3): 794 – 816.

[27] Barney, J. Firm resources and sustained competitive advantage [J]. Journal of Management, 1991, 17 (1): 99 – 120.

[28] Barney, J. B. The resource – based theory of the firm [J]. Organization Science, 1996 (7): 469 – 469.

[29] Baron, R. M. & Kenny, D. A. The moderator – mediator variable distinction in social psychological research: Conceptual, strategic, and statistical considerations [J]. Journal of Personality and Social Psychology, 1986, 51 (6): 1173.

[30] Bartels, L. M. & Brady, H. E. Economic behavior in political context [J]. The American Economic Review, 2003, 93 (2): 156 – 161.

[31] Basdeo, D. K., Smith, K. G., Grimm, C. M., Rindova, V. P. & Derfus, P. J. The impact of market actions on firm reputation [J]. Strategic Management Journal, 2006, 27 (12): 1205 – 1219.

[32] Batjargal, B. & Liu, M. Entrepreneurs' access to private equity in China: The role of social capital [J]. Organization Science, 2004, 15 (2): 159 – 172.

[33] Baum, J. A. & Mezias, S. J. Localized competition and organizational fail-

ure in the Manhattan hotel industry, 1898—1990 [R]. Administrative Science Quarterly, 1992: 580 - 604.

[34] Bell, M. L., Davis, D. L. & Fletcher, T. A retrospective assessment of mortality from the London smog episode of 1952: the role of influenza and pollution [J]. Urban Ecology, 2008: 263 - 268.

[35] Berry, M. A. & Rondinelli, D. A. Proactive corporate environmental management: a new industrial revolution [J]. The Academy of Management Executive, 1998, 12 (2): 38 - 50.

[36] Bhattacharya, S. An exploration of nondissipative dividend - signaling structures [J]. Journal of Financial and Quantitative Analysis, 1979, 14 (4): 667 - 668.

[37] Bian, Y. Guanxi and the allocation of urban jobs in China [J]. The China Quarterly, 1994, 140: 971 - 999.

[38] Blau, P. M. Exchange and power in social life [M]. New York: Wiley, 1964.

[39] Boisot, M. & Child, J. From fiefs to clans and network capitalism: Explaining China's emerging economic order [J]. Administrative Science Quarterly, 1996: 600 - 628.

[40] Bourdieu, P. The forms of capital (1986) [R]. Cultural Theory: An Anthology, 2006, 1: 81 - 93.

[41] Bourdieu, P. & Wacquant, L. J. An invitation to reflexive sociology [M]. Chicago: University of Chicago Press, 1992.

[42] Boyd, B. K., Haynes, K. T., Hitt, M. A., Bergh, D. D. & Ketchen, D. J. Contingency Hypotheses in Strategic Management Research Use, Disuse, or Misuse? [J] Journal of Management, 2012, 38 (1): 278 - 313.

[43] Brammer, S. & Millington, A. Does it pay to be different? An analysis of the relationship between corporate social and financial performance [J]. Strategic Management Journal, 2008, 29 (12): 1325 - 1343.

[44] Branzei, O., Ursacki - Bryant, T. J., Vertinsky, I. & Zhang, W. The formation of green strategies in Chinese firms: Matching corporate environmental responses and individual principles [J]. Strategic Management Jour-

nal, 2004, 25 (11): 1075 – 1095.

[45] Brislin, R. W. Cross – cultural research methods environment and culture [M] . US: Springer, 1980.

[46] Burt, R. S. The network structure of social capital [J] . Research in Organizational Behavior, 2000, 22: 345 – 423.

[47] Cadogan, J. W. , Cui, C. C. & Li, E. K. Y. Export market – oriented behavior and export performance: the moderating roles of competitive intensity and technological turbulence [J] . International Marketing Review, 2003, 20 (5): 493 – 513.

[48] Campbell, D. T. & Fiske, D. W. Convergent and discriminant validation by the multitrait – multimethod matrix [J] . Psychological Bulletin, 1959, 56 (2): 81.

[49] Cennamo, C. , Berrone, P. & Gomez – Mejia, L. R. Does stakeholder management have a dark side? [J] Journal of Business Ethics, 2009, 89 (4): 491 – 507.

[50] Chacar, A. S. , Newburry, W. & Vissa, B. Bringing institutions into performance persistence research: Exploring the impact of product, financial, and labor market institutions [J] . Journal of International Business Studies, 2010, 41 (7): 1119 – 1140.

[51] Chan, R. Y. Does the Natural - Resource - Based View of the Firm Apply in an Emerging Economy? A Survey of Foreign Invested Enterprises in China [J] . Journal of Management Studies, 2005, 42 (3): 625 – 672.

[52] Chan, R. Y. , He, H. , Chan, H. K. & Wang, W. Y. Environmental orientation and corporate performance: The mediation mechanism of green supply chain management and moderating effect of competitive intensity [J] . Industrial Marketing Management, 2012, 41 (4): 621 – 630.

[53] Chen, C. C. , Chen, X. P. & Huang, S. Chinese Guanxi: An Integrative Review and New Directions for Future Research [J] . Management and Organization Review, 2013, 9 (1): 167 – 207.

[54] Chen, X. – P. & Chen, C. C. On the intricacies of the Chinese guanxi: A process model of guanxi development [J] . Asia Pacific Journal of Manage-

ment, 2004, 21 (3): 305 – 324.

[55] Chen, Y. – S. The driver of green innovation and green image – green core competence [J] . Journal of Business Ethics, 2008, 81 (3): 531 – 543.

[56] Chen, Y. – S. & Chang, C. – H. Enhance green purchase intentions: The roles of green perceived value, green perceived risk, and green trust [J] . Management Decision, 2012, 50 (3): 502 – 520.

[57] Cheng, T. , Yip, F. & Yeung, A. Supply risk management via guanxi in the Chinese business context: the buyer's perspective [J] . International Journal of Production Economics, 2012, 139 (1): 3 – 13.

[58] Christmann, P. Effects of "best practices" of environmental management on cost advantage: The role of complementary assets [J] . Academy of Management Journal, 2000, 43 (4): 663 – 680.

[59] Chung, L. H. & Gibbons, P. T. Corporate entrepreneurship: The roles of ideology and social capital [J] . Group & Organization Management, 1997, 22 (1): 10 – 30.

[60] Churchill Jr, G. A. A paradigm for developing better measures of marketing constructs [J] . Journal of Marketing Research, 1979: 64 – 73.

[61] Churchill Jr, G. A. , Ford, N. M. , Hartley, S. W. , & Walker Jr, O. C. The determinants of salesperson performance: A meta – analysis [J] . Journal of Marketing Research, 1985: 103 – 118.

[62] Coase, R. H. The nature of the firm [J] . Economica, 1937, 4 (16): 386 – 405.

[63] Coleman, J. S. Social capital in the creation of human capital [J] . American Journal of Sociology, 1988 (94): S95 – S120.

[64] Connelly, B. L. , Certo, S. T. , Ireland, R. D. & Reutzel, C. R. Signaling theory: A review and assessment [J] . Journal of Management, 2011, 37 (1): 39 – 67.

[65] Cramer, J. Environmental management: from 'fit' to 'stretch' [J] . Business Strategy and the Environment, 1998, 7 (3): 162 – 172.

[66] Dögl, C. & Holtbrügge, D. Corporate environmental responsibility, employer reputation and employee commitment: an empirical study in developed and e-

merging economies ［J］. The International Journal of Human Resource Management, 2014, 25 (12): 1739 – 1762.

［67］ Dacin, M. T., Oliver, C. & Roy, J. P. The legitimacy of strategic alliances: An institutional perspective ［J］. Strategic Management Journal, 2007, 28 (2): 169 – 187.

［68］ Daily, B. F. & Huang, S. – c. Achieving sustainability through attention to human resource factors in environmental management ［J］. International Journal of Operations & Production Management, 2001, 21 (12): 1539 – 1552.

［69］ Das, T. K., & Teng, B. – S. Between trust and control: developing confidence in partner cooperation in alliances ［J］. Academy of Management Review, 1998, 23 (3): 491 – 512.

［70］ Das, T. K. & Teng, B. – S. A resource – based theory of strategic alliances ［J］. Journal of Management, 2000, 26 (1): 31 – 61.

［71］ Das, T. K. & Teng, B. – S. Trust, control, and risk in strategic alliances: An integrated framework ［J］. Organization Studies, 2001, 22 (2): 251 – 283.

［72］ Davies, H. & Walters, P. Emergent patterns of strategy, environment and performance in a transition economy ［J］. Strategic Management Journal, 2004, 25 (4): 347 – 364.

［73］ De Roeck, K. & Delobbe, N. Do environmental CSR initiatives serve organizations' legitimacy in the oil industry? Exploring employees' reactions through organizational identification theory ［J］. Journal of Business Ethics, 2012, 110 (4): 397 – 412.

［74］ Deephouse, D. L. & Suchman, M. Legitimacy in organizational institutionalism ［R］. The Sage handbook of organizational institutionalism, 2008: 49 – 77.

［75］ Dickson, B. J. Red capitalists in China: The party, private entrepreneurs, and prospects for political change ［M］. Cambridge: Cambridge University Press, 2003.

［76］ Dillman, D. A. Mail and telephone surveys ［M］. New York: Wiley, 1978.

［77］ Dixit, A. Governance institutions and economic activity ［J］. The American

Economic Review, 2009: 3 - 24.

[78] Dixon - Fowler, H. R., Slater, D. J., Johnson, J. L., Ellstrand, A. E. & Romi, A. M. Beyond "does it pay to be green?" A meta - analysis of moderators of the CEP - CFP relationship [J]. Journal of Business Ethics, 2013, 112 (2): 353 - 366.

[79] Donaldson, L. & Davis, J. H. Stewardship theory or agency theory: CEO governance and shareholder returns [J]. Australian Journal of Management, 1991, 16 (1): 49 - 64.

[80] Douglass, C. North. Institutions, institutional change and economic performance [M]. Cambridge: Cambridge University Press, 1990.

[81] Dubini, P. & Aldrich, H. Personal and extended networks are central to the entrepreneurial process [J]. Journal of Business Venturing, 1991, 6 (5): 305 - 313.

[82] Dyer, J. H. & Singh, H. The relational view: cooperative strategy and sources of interorganizational competitive advantage [J]. Academy of Management Review, 1998, 23 (4): 660 - 679.

[83] Edmans, A. Does the stock market fully value intangibles? Employee satisfaction and equity prices [J]. Journal of Financial Economics, 2011, 101 (3): 621 - 640.

[84] Eiadat, Y., Kelly, A., Roche, F. & Eyadat, H. Green and competitive? An empirical test of the mediating role of environmental innovation strategy [J]. Journal of World Business, 2008, 43 (2): 131 - 145.

[85] Elkington, J. Towards the suitable corporation: win - win - win business strategies for sustainable development [J]. California Management Review, 1994, 36 (2): 90 - 100.

[86] Endrikat, J., Guenther, E. & Hoppe, H. Making sense of conflicting empirical findings: A meta - analytic review of the relationship between corporate environmental and financial performance [J]. European Management Journal, 2014, 32 (5): 735 - 751.

[87] Faccio, M. Politically connected firms [J]. The American Economic Review, 2006: 369 - 386.

［88］ Fan, P. , Liang, Q. , Liu, H. & Hou, M. The moderating role of context in managerial ties – firm performance link: a meta – analytic review of mainly Chinese – based studies ［J］. Asia Pacific Business Review, 2013, 19 (4): 461 –489.

［89］ Fan, Y. Questioning guanxi: definition, classification and implications ［J］. International Business Review, 2002, 11 (5): 543 –561.

［90］ Florida, R. & Davison, D. Gaining from green management ［J］. California Management Review, 2001, 43 (3): 63 –84.

［91］ Florida, R. L. Lean and green: the move to environmentally conscious manufacturing ［J］. California Management Review, 1996.

［92］ Ford, J. K. , MacCallum, R. C. & Tait, M. The application of exploratory factor analysis in applied psychology: A critical review and analysis ［J］. Personnel Psychology, 1986, 39 (2): 291 –314.

［93］ Fornell, C. & Larcker, D. F. Evaluating structural equation models with unobservable variables and measurement error ［J］. Journal of Marketing Research, 1981: 39 –50.

［94］ Foss, N. J. Invited editorial: Why micro – foundations for resource – based theory are needed and what they may look like ［J］. Journal of Management, 2011, 37 (5): 1413 –1428.

［95］ Freeman, J. & Hannan, M. T. Setting the record straight on organizational ecology: rebuttal to young ［R］, 1989: 425 –439.

［96］ Friedman, A. L. & Miles, S. Stakeholders: Theory and Practice ［M］. Oxford: Oxford University Press, 2006.

［97］ Friedman, M. A theoretical framework for monetary analysis ［J］. The Journal of Political Economy, 1970: 193 –238.

［98］ Friedman, M. The social responsibility of business is to increase its profits ［R］. Corporate Ethics and Corporate Governance, 2007: 173 –178.

［99］ Fukuyama, F. Social capital and the global economy ［R］. Foreign affairs, 1995: 89 –103.

［100］ Gabbay, S. M. & Zuckerman, E. W. Social capital and opportunity in corporate R&D: The contingent effect of contact density on mobility expectations

[J] . Social Science Research, 1998, 27 (2): 189 –217.

[101] Gaedeke, R. M. & Tootelian, D. H. The fortune "500" list – An endangered species for academic research [J] . Journal of Business Research, 1976, 4 (3): 283 –288.

[102] Gao, S. Xu. & Yang, J. Managerial ties, absorptive capacity, and innovation [J] . Asia Pacific Journal of Management, 2008, 25 (3): 395 –412.

[103] Geletkanycz, M. A. & Hambrick, D. C. The external ties of top executives: Implications for strategic choice and performance [J] . Administrative Science Quarterly, 1997: 654 –681.

[104] Godfrey, P. C. , Merrill, C. B. & Hansen, J. M. The relationship between corporate social responsibility and shareholder value: An empirical test of the risk management hypothesis [J] . Strategic Management Journal, 2009, 30 (4): 425 –445.

[105] Gold, T. B. After comradeship: Personal relations in China since the Cultural Revolution [J] . The China Quarterly, 1985, 104: 657 –675.

[106] González - Benito, J. & González - Benito, ó. A review of determinant factors of environmental proactivity [J] . Business Strategy and the Environment, 2006, 15 (2): 87 –102.

[107] Graen, G. B. & Uhl – Bien, M. Relationship – based approach to leadership: Development of leader – member exchange (LMX) theory of leadership over 25 years: Applying a multi – level multi – domain perspective [J] . The Leadership Quarterly, 1995, 6 (2): 219 –247.

[108] Granovetter, M. S. The strength of weak ties [J] . American journal of sociology, 1973: 1360 –1380.

[109] Gu, F. F. , Hung, K. & Tse, D. K. When does guanxi matter? Issues of capitalization and its dark sides [J] . Journal of Marketing, 2008, 72 (4): 12 –28.

[110] Guo, H. , Xu, E. & Jacobs, M. Managerial political ties and firm performance during institutional transitions: An analysis of mediating mechanisms [J] . Journal of Business Research, 2014, 67 (2): 116 –127.

[111] Guo, K. The transformation of China's economic growth pattern – Conditions

and methods [J] . Social Sciences in China – English Edition, 1997, 18: 12 – 20.

[112] Guthrie, D. The declining significance of guanxi in China's economic transition [J] . The China Quarterly, 1998, 154: 254 – 282.

[113] Hajmohammad, S. , Vachon, S. , Klassen, R. D. & Gavronski, I. Lean management and supply management: their role in green practices and performance [J] . Journal of Cleaner Production, 2013, 39: 312 – 320.

[114] Hanna, M. D. & Newman, W. R. Operations and environment: an expanded focus for TQM [J] . International Journal of Quality & Reliability Management, 1995, 12 (5): 38 – 53.

[115] Hannan, M. T. & Freeman, J. Structural inertia and organizational change [J] . American Sociological Review, 1984: 149 – 164.

[116] Harrison, J. S. , Hitt, M. A. , Hoskisson, R. E. & Ireland, R. D. Resource complementarity in business combinations: Extending the logic to organizational alliances [J] . Journal of Management, 2001, 27 (6): 679 – 690.

[117] Hart, S. L. A natural – resource – based view of the firm [J] . Academy of Management Review, 1995, 20 (4): 986 – 1014.

[118] He, W. & Nie, M. The impact of innovation and competitive intensity on positional advantage and firm performance [J] . The Journal of American Academy of Business, 2008, 14 (1): 205 – 209.

[119] Heide, J. B. & John, G. Do norms matter in marketing relationships? [J] The Journal of Marketing, 1992: 32 – 44.

[120] Henriques, I. & Sadorsky, P. The determinants of an environmentally responsive firm: an empirical approach [J] . Journal of Environmental Economics and Management, 1996, 30 (3): 381 – 395.

[121] Hillman, A. J. Politicians on the board of directors: do connections affect the bottom line? [J] Journal of Management, 2005, 31 (3): 464 – 481.

[122] Hillman, A. J. , Zardkoohi, A. & Bierman, L. Corporate political strategies and firm performance: indications of firm – specific benefits from personal service in the US government [J] . Strategic Management Journal,

1999, 20 (1): 67 - 81.

[123] Hitt, M. A. , Ahlstrom, D. , Dacin, M. T. , Levitas, E. & Svobodina, L. The institutional effects on strategic alliance partner selection in transition e-conomies: China vs. Russia [J] . Organization Science, 2004, 15 (2): 173 - 185.

[124] Ho, S. - c. Growing consumer power in China: some lessons for managers [J] . Journal of International Marketing, 2001, 9 (1): 64 - 83.

[125] Hoffman, A. J. Institutional evolution and change: Environmentalism and the US chemical industry [J] . Academy of Management Journal, 1999, 42 (4): 351 - 371.

[126] Homans, G. C. Social behavior as exchange [J] . American journal of so-ciology, 1958: 597 - 606.

[127] Hoskisson, R. E. , Hitt, M. A. , Wan, W. P. & Yiu, D. Theory and re-search in strategic management: Swings of a pendulum [J] . Journal of Management, 1999, 25 (3): 417 - 456.

[128] Hull, C. E. , & Rothenberg, S. Firm performance: the interactions of cor-porate social performance with innovation and industry differentiation [J] . Strategic Management Journal, 2008, 29 (7): 781 - 789.

[129] Hult, G. T. M. Toward a theory of the boundary - spanning marketing or-ganization and insights from 31 organization theories [J] . Journal of the A-cademy of Marketing Science, 2011, 39 (4): 509 - 536.

[130] Husted, B. W. & Allen, D. B. 2006. Corporate social responsibility in the multinational enterprise: Strategic and institutional approaches [J] . Jour-nal of International Business Studies, 37 (6), 838 - 849.

[131] Hwang, K. - k. Face and favor: The Chinese power game [J] . American Journal of Sociology, 1987: 944 - 974.

[132] Ioannou, I. & Serafeim, G. What drives corporate social performance & quest; The role of nation - level institutions [J] . Journal of International Business Studies, 2012, 43 (9): 834 - 864.

[133] James, L. R. & Brett, J. M. Mediators, moderators, and tests for media-tion [J] . Journal of Applied Psychology, 1984, 69 (2): 307.

[134] Jaworski, B. J. & Kohli, A. K. Market orientation: antecedents and consequences [J]. The Journal of Marketing, 1993: 53 –70.

[135] Jennings, P. D. & Zandbergen, P. A. Ecologically sustainable organizations: an institutional approach [J]. Academy of Management Review, 1995, 20 (4): 1015 –1052.

[136] Johnson, S., McMillan, J., & Woodruff, C. Courts and relational contracts [J]. Journal of Law, Economics, and Organization, 2002, 18 (1): 221 –277.

[137] Jones, D., Willness, C. & Madey, S. Why are job seekers attracted by corporate social performance? Experimental and field tests of three signal – based mechanisms [J]. Academy of Management Journal, 2013, 57 (2): 383 –404.

[138] Jones, T. M. Instrumental stakeholder theory: A synthesis of ethics and economics [J]. Academy of Management Review, 1995, 20 (2): 404 –437.

[139] Judge, W. Q. & Douglas, T. J. Performance implications of incorporating natural environmental issues into the strategic planning process: an empirical assessment [J]. Journal of Management Studies, 1998, 35 (2): 241 –262.

[140] Justin Tan, J. & Litsschert, R. J. Environment - strategy relationship and its performance implications: An empirical study of the chinese electronics industry [J]. Strategic Management Journal, 1994, 15 (1): 1 –20.

[141] Karnani, A. G. Doing well by doing good: the grand illusion [J]. California Management Review, 2010, 53 (2): 69 –86.

[142] Ketchen, D. J., Thomas, J. B. & McDaniel, R. R. Process, content and context: synergistic effects on organizational performance [J]. Journal of Management, 1996, 22 (2): 231 –257.

[143] Khwaja, A. I. & Mian, A. Do lenders favor politically connected firms? Rent provision in an emerging financial market [J]. The Quarterly Journal of Economics, 2005: 1371 –1411.

[144] King, A., & Lenox, M. Exploring the locus of profitable pollution reduction

[J]. Management Science, 2002, 48 (2): 289 – 299.

[145] King, A. A., Lenox, M. J. & Terlaak, A. The strategic use of decentralized institutions: Exploring certification with the ISO 14001 management standard [J]. Academy of Management Journal, 2005, 48 (6): 1091 – 1106.

[146] Klassen, R. D. & McLaughlin, C. P. The impact of environmental management on firm performance [J]. Management Science, 1996, 42 (8): 1199 – 1214.

[147] Klassen, R. D. & Whybark, D. C. Environmental Management in Operations: The Selection of Environmental Technologies [J]. Decision Sciences, 1999, 30 (3): 601 – 631.

[148] Klassen, R. D. & Whybark, D. C. The impact of environmental technologies on manufacturing performance [J]. Academy of Management Journal, 1999, 42 (6): 599 – 615.

[149] Kohli, A. K. & Jaworski, B. J. Market orientation: the construct, research propositions, and managerial implications [J]. The Journal of Marketing, 1990: 1 – 18.

[150] Lahiri, S. Relationship Between Competitive Intensity, Internal Resources, and Firm Performance: Evidence from Indian ITES Industry [J]. Thunderbird International Business Review, 2013, 55 (3): 299 – 312.

[151] Lambert, D. M., & Harrington, T. C. Measuring nonresponse bias in customer service mail surveys [J]. Journal of Business Logistics, 1990, 11 (2): 5 – 25.

[152] Lane, P. J., & Lubatkin, M. Relative absorptive capacity and interorganizational learning [J]. Strategic Management Journal, 1998, 19 (5): 461 – 477.

[153] Lee, C., Lee, K., & Pennings, J. M. Internal capabilities, external networks, and performance: a study on technology – based ventures [J]. Strategic Management Journal, 2001, 22 (6 – 7): 615 – 640.

[154] Lee, M. D. P. A review of the theories of corporate social responsibility: Its evolutionary path and the road ahead [J]. International Journal of Management Reviews, 2008, 10 (1): 53 – 73.

[155] Leonard - Barton, D. Core capabilities and core rigidities: A paradox in managing new product development [J]. Strategic Management Journal, 1992, 13 (S1): 111 – 125.

[156] Leonidou, L. C., Fotiadis, T. A., Christodoulides, P., Spyropoulou, S. & Katsikeas, C. S. Environmentally friendly export business strategy: Its determinants and effects on competitive advantage and performance [J]. International Business Review, 2015, 24 (5): 798 – 811.

[157] Lev, B., Petrovits, C. & Radhakrishnan, S. Is doing good good for you? How corporate charitable contributions enhance revenue growth [J]. Strategic Management Journal, 2010, 31 (2): 182 – 200.

[158] Li, H., & Atuahene – Gima, K. Product innovation strategy and the performance of new technology ventures in China [J]. Academy of Management Journal, 2001, 44 (6): 1123 – 1134.

[159] Li, H., Meng, L. & Zhang, J. Why do entrepreneurs enter politics? Evidence from China [J]. Economic Inquiry, 2006, 44 (3): 559 – 578.

[160] Li, H. & Zhang, Y. The role of managers´ political networking and functional experience in new venture performance: evidence from China´s transition economy [J]. Strategic Management Journal, 2007, 28 (8): 791 – 804.

[161] Li, J. J. The formation of managerial networks of foreign firms in China: The effects of strategic orientations [J]. Asia Pacific Journal of Management, 2005, 22 (4): 423 – 443.

[162] Li, J. J., Poppo, L. & Zhou, K. Z. Do managerial ties in China always produce value? Competition, uncertainty, and domestic vs. foreign firms [J]. Strategic Management Journal, 2008, 29 (4): 383 – 400.

[163] Li, J. J. & Zhou, K. Z. How foreign firms achieve competitive advantage in the Chinese emerging economy: Managerial ties and market orientation [J]. Journal of Business Research, 2010, 63 (8): 856 – 862.

[164] Li, J. J., Zhou, K. Z. & Shao, A. T. Competitive position, managerial ties, and profitability of foreign firms in China: An interactive perspective [J]. Journal of International Business Studies, 2009, 40 (2): 339 – 352.

[165] Li, Y., Chen, H., Liu, Y. & Peng, M. W. Managerial ties, organization-

al learning, and opportunity capture: A social capital perspective [J]. A-sia Pacific Journal of Management, 2014, 31 (1): 271 – 291.

[166] Lin, N. Social capital: a theory of social structure and action [J]. Social Forces, 2004, 82 (3): 1209 – 1211.

[167] Lovett, S., Simmons, L. C. & Kali, R. Guanxi versus the market: Ethics and efficiency [J]. Journal of International Business Studies, 1999: 231 – 247.

[168] Luk, C. – L., Yau, O. H., Sin, L. Y., Tse, A. C., Chow, R. P. & Lee, J. S. The effects of social capital and organizational innovativeness in different institutional contexts [J]. Journal of International Business Studies, 2008, 39 (4): 589 – 612.

[169] Lumpkin, G. T. & Dess, G. G. Linking two dimensions of entrepreneurial orientation to firm performance: The moderating role of environment and industry life cycle [J]. Journal of Business Venturing, 2001, 16 (5): 429 – 451.

[170] Luo, Y. Industrial dynamics and managerial networking in an emerging market: The case of China [J]. Strategic Management Journal, 2003, 24 (13): 1315 – 1327.

[171] Luo, Y. & Chen, M. Does guanxi influence firm performance? [J] Asia Pacific Journal of Management, 1997, 14 (1): 1 – 16.

[172] Lusch, R. F. & Brown, J. R. Interdependency, contracting, and relational behavior in marketing channels [J]. The Journal of Marketing, 1996: 19 – 38.

[173] Maheswaran, D., Chen, C. Y. & He, J. Nation equity: Integrating the multiple dimensions of country of origin effects [J]. Review of Marketing Research, 2013, 10: 153 – 189.

[174] Margolis, J. D. & Walsh, J. P. Misery loves companies: Rethinking social initiatives by business [J]. Administrative Science Quarterly, 2003, 48 (2): 268 – 305.

[175] Marquis, C. & Qian, C. Corporate Social Responsibility Reporting in China: Symbol or Substance? [J] Organization Science, 2013, 25 (1):

127 – 148.

[176] McEvily, B. & Marcus, A. Embedded ties and the acquisition of competitive capabilities [J]. Strategic Management Journal, 2005, 26 (11): 1033 – 1055.

[177] McMillan, J. Markets in transition: Graduate School of International Relations and Pacific Studies [M]. San Diego: University of California, 1995.

[178] McMillan, J. & Woodruff, C. Interfirm relationships and informal credit in Vietnam [J]. Quarterly journal of Economics, 1999: 1285 – 1320.

[179] McWilliams, A. & Siegel, D. S. Creating and capturing value: strategic corporate social responsibility, resource – based theory, and sustainable competitive advantage [J]. Journal of Management, 2010: 37.

[180] McWilliams, A., Van Fleet, D. D. & Cory, K. D. Raising rivals' costs through political strategy: An extension of resource – based theory [J]. Journal of Management Studies, 2002, 39 (5): 707 – 724.

[181] Miles, M. P. & Covin, J. G. Environmental marketing: a source of reputational, competitive, and financial advantage [J]. Journal of Business Ethics, 2000, 23 (3): 299 – 311.

[182] Montiel, I., Husted, B. W., & Christmann, P. Using private management standard certification to reduce information asymmetries in corrupt environments [J]. Strategic Management Journal, 2012, 33 (9): 1103 – 1113.

[183] Mumford, M. D., Costanza, D. P., Connelly, M. S. & Johnson, J. F. Item generation procedures and background data scales: implications for construct and criterion – related validity [J]. Personnel Psychology, 1996, 49 (2): 361 – 398.

[184] Nahapiet, J. & Ghoshal, S. Social capital, intellectual capital, and the organizational advantage [J]. Academy of Management Review, 1998, 23 (2): 242 – 266.

[185] Nee, V. Organizational dynamics of market transition: Hybrid forms, property rights, and mixed economy in China [J]. Administrative Science Quarterly, 1992: 1 – 27.

[186] Nee, V., Opper, S. & Wong, S. Developmental state and corporate gov-

ernance in China ［J］. Management and Organization Review, 2007, 3
(1): 19 - 53.

［187］ Noci, G. & Verganti, R. Managing 'green' product innovation in small
firms ［J］. R&D Management, 1999, 29 (1): 3 - 15.

［188］ North, D. C. Institutions, institutional change and economic performance
［M］. Cambridge: Cambridge University Press, 1990.

［189］ Noruzi, M. R., & Vargas – Hernández, J. G. How intellectual capital and
learning organization can foster organizational competitiveness? ［J］ Interna-
tional Journal of Business and Management, 2010, 5 (4): 183.

［190］ Nunnally, J. C., Bernstein, I. H., & Berge, J. M. t. Psychometric theo-
ry ［M］. New York: Mc Graw – Hill, 1967.

［191］ Orlitzky, M., Schmidt, F. L. & Rynes, S. L. Corporate social and finan-
cial performance: A meta – analysis ［J］. Organization Studies, 2003, 24
(3): 403 - 441.

［192］ Park, N. K. & Mezias, J. M. Before and after the technology sector crash:
The effect of environmental munificence on stock market response to alliances
of e – commerce firms ［J］. Strategic Management Journal, 2005, 26
(11): 987 - 1007.

［193］ Park, S. H. & Luo, Y. Guanxi and organizational dynamics: Organizational
networking in Chinese firms ［J］. Strategic Management Journal, 2001, 22
(5): 455 - 477.

［194］ Peloza, J. The challenge of measuring financial impacts from investments in
corporate social performance ［J］. Journal of Management, 2009, 35
(6): 1518 - 1541.

［195］ Peng, M. W. Firm growth in transitional economies: Three longitudinal ca-
ses from China, 1989 – 1996 ［J］. Organization Studies, 1997, 18 (3):
385 - 413.

［196］ Peng, M. W. Institutional transitions and strategic choices ［J］. Academy
of Management Review, 2003, 28 (2): 275 - 296.

［197］ Peng, M. W. & Heath, P. S. The growth of the firm in planned economies in
transition: Institutions, organizations, and strategic choice ［J］. Academy of

Management Review, 1996, 21 (2): 492 – 528.

[198] Peng, M. W. & Luo, Y. Managerial ties and firm performance in a transition economy: The nature of a micro – macro link [J]. Academy of Management Journal, 2000, 43 (3): 486 – 501.

[199] Peng, M. W. & Quan, J. M. A micro – macro link during institutional transitions [J]. Research in the Sociology of Work, 2009, 19: 203 – 224.

[200] Peng, M. W. & Zhou, J. Q. How network strategies and institutional transitions evolve in Asia [J]. Asia Pacific Journal of Management, 2005, 22 (4): 321 – 336.

[201] Penrose, E. The theory of the growth of the firm [R], 1959.

[202] Perry – Smith, J. E. & Shalley, C. E. The social side of creativity: A static and dynamic social network perspective [J]. Academy of Management Review, 2003, 28 (1): 89 – 106.

[203] Pfeffer, J. & Salancik, G. R. The external control of organizations: A resource dependence perspective [M]. California: Stanford University Press, 2003.

[204] Podsakoff, P. M., MacKenzie, S. B., Lee, J. – Y. & Podsakoff, N. P. Common method biases in behavioral research: a critical review of the literature and recommended remedies [J]. Journal of Applied Psychology, 2003, 88 (5): 879.

[205] Podsakoff, P. M. & Organ, D. W. Self – reports in organizational research: Problems and prospects [J]. Journal of Management, 1986, 12 (4): 531 – 544.

[206] Poppo, L. & Zenger, T. Do formal contracts and relational governance function as substitutes or complements? [J] Strategic Management Journal, 2002, 23 (8): 707 – 725.

[207] Porter, M. E. Competitive strategies: Techniques for analyzing industries and competition [M]. New York: Free Press, 1980.

[208] Porter, M. E. Towards a dynamic theory of strategy [J]. Strategic Management Journal, 1991, 12 (S2): 95 – 117.

[209] Porter, M. E. Competitive advantage: Creating and sustaining superior per-

formance [M]. New York: Free Press, 2008.

[210] Porter, M. E. & Kramer, M. R. The link between competitive advantage and corporate social responsibility [J]. Harvard Business Review, 2006, 11.

[211] Porter, M. E., & Kramer, M. R. Creating shared value [J]. Harvard Business Review, 2011, 89 (1/2): 62 – 77.

[212] Porter, M. E. & Van der Linde, C. Toward a new conception of the environment – competitiveness relationship [J]. The Journal of Economic Perspectives, 1995: 97 – 118.

[213] Portes, A. Social capital: Its origins and applications in modern sociology. LESSER, Eric L. Knowledge and Social Capital [M]. Boston: Butterworth – Heinemann, 2000: 43 – 67.

[214] Powell, T. C. Lovallo, D., & Fox, C. R. Behavioral strategy [J]. Strategic Management Journal, 2011, 32 (13): 1369 – 1386.

[215] Ramayah, T., Lee, J. W. C. & Mohamad, O. Green product purchase intention: Some insights from a developing country [J]. Resources, Conservation and Recycling, 2010, 54 (12): 1419 – 1427.

[216] Ramchander, S., Schwebach, R. G. & Staking, K. The informational relevance of corporate social responsibility: evidence from DS400 index reconstitutions [J]. Strategic Management Journal, 2012, 33 (3): 303 – 314.

[217] Rao, R. S., Chandy, R. K. & Prabhu, J. C. The fruits of legitimacy: Why some new ventures gain more from innovation than others [J]. Journal of Marketing, 2008, 72 (4): 58 – 75.

[218] Redding, S. G. Culture and entrepreneurial behavior among the overseas Chinese [J]. The Culture of Entrepreneurship, 1991: 137 – 227.

[219] Reuer, J. J. & Ragozzino, R. The choice between joint ventures and acquisitions: Insights from signaling theory [J]. Organization Science, 2012, 23 (4): 1175 – 1190.

[220] Reuer, J. J., Tong, T. W. & Wu, C. – W. A signaling theory of acquisition premiums: Evidence from IPO targets [J]. Academy of Management Journal, 2012, 55 (3): 667 – 683.

[221] Richard, P. J. , Devinney, T. M. , Yip, G. S. & Johnson, G. Measuring organizational performance: Towards methodological best practice [J] . Journal of Management, 2009, 35 (3): 718 –804.

[222] Rindfleisch, A. & Moorman, C. The acquisition and utilization of information in new product alliances: A strength – of – ties perspective [J] . Journal of Marketing, 2001, 65 (2): 1 –18.

[223] Rivera, J. Institutional Pressures and Voluntary Beyond Compliance Environmental Behavior in Developing Countries: Evidence from Costa Rica [R] . Department of Environmental Science and Policy, George Mason University, 2002: 1 –32.

[224] Roome, N. Developing environmental management strategies [J] . Business Strategy and the Environment, 1992, 1 (1): 11 –24.

[225] Rowley, T. , Behrens, D. & Krackhardt, D. Redundant governance structures: An analysis of structural and relational embeddedness in the steel and semiconductor industries [J] . Strategic Management Journal, 2000, 21 (3): 369 –386.

[226] Russo, M. V. & Fouts, P. A. A resource – based perspective on corporate environmental performance and profitability [J] . Academy of Management Journal, 1997, 40 (3): 534 –559.

[227] Saegert, S. & Winkel, G. Social capital and the revitalization of New York City's distressed inner – city housing [J] . Housing Policy Debate, 1998, 9 (1): 17 –60.

[228] Sarkis, J. , Zhu, Q. & Lai, K. – h. An organizational theoretic review of green supply chain management literature [J] . International Journal of Production Economics, 2011, 130 (1): 1 –15.

[229] Sen, S. , Bhattacharya, C. B. & Korschun, D. The role of corporate social responsibility in strengthening multiple stakeholder relationships: A field experiment [J] . Journal of the Academy of Marketing Science, 2006, 34 (2): 158 –166.

[230] Sharma, S. Managerial interpretations and organizational context as predictors of corporate choice of environmental strategy [J] . Academy of Man-

agement Journal, 2000, 43 (4): 681 – 697.

[231] Sharma, S. & Vredenburg, H. Proactive corporate environmental strategy and the development of competitively valuable organizational capabilities [J]. Strategic Management Journal, 1998, 19 (8): 729 – 753.

[232] Sheng, S., Zhou, K. Z. & Li, J. J. The effects of business and political ties on firm performance: Evidence from China [J]. Journal of Marketing, 2011, 75 (1): 1 – 15.

[233] Simpson, D., Power, D. & Samson, D. Greening the automotive supply chain: a relationship perspective [J]. International Journal of Operations & Production Management, 2007, 27 (1): 28 – 48.

[234] Simsek, Z. Organizational ambidexterity: Towards a multilevel understanding [J]. Journal of Management Studies, 2009, 46 (4): 597 – 624.

[235] Sobel, M. E. Asymptotic confidence intervals for indirect effects in structural equation models [J]. Sociological Methodology, 1982, 13 (1982): 290 – 312.

[236] Spence, M. Job market signaling [J]. The Quarterly Journal of Economics, 1973: 355 – 374.

[237] Stam, W. & Elfring, T. Entrepreneurial orientation and new venture performance: The moderating role of intra – and extraindustry social capital [J]. Academy of Management Journal, 2008, 51 (1): 97 – 111.

[238] Starik, M. & Marcus, A. A. Introduction to the special research forum on the management of organizations in the natural environment: A field emerging from multiple paths, with many challenges ahead [J]. Academy of Management Journal, 2000, 43 (4): 539 – 547.

[239] Starik, M. & Rands, G. P. Weaving an integrated web: Multilevel and multisystem perspectives of ecologically sustainable organizations [J]. Academy of Management Review, 1995, 20 (4): 908 – 935.

[240] Stiglitz, J. E. Information and the Change in the Paradigm in Economics [J]. American Economic Review, 2002: 460 – 501.

[241] Su, J. & He, J. Does giving lead to getting? Evidence from Chinese private enterprises [J]. Journal of Business Ethics, 2010, 93 (1): 73 – 90.

[242] Su, W. , Peng, M. W. , Tan, W. & Cheung, Y. - L. The Signaling Effect of Corporate Social Responsibility in Emerging Economies [J]. Journal of Business Ethics, 2016, 134 (3): 479 –491.

[243] Suazo, M. M. , Martínez, P. G. & Sandoval, R. Creating psychological and legal contracts through human resource practices: A signaling theory perspective [J]. Human Resource Management Review, 2009, 19 (2): 154 – 166.

[244] Suchman, M. C. Managing legitimacy: Strategic and institutional approaches [J]. Academy of Management Review, 1995, 20 (3): 571 –610.

[245] Teece, D. J. Profiting from technological innovation: Implications for integration, collaboration, licensing and public policy [J]. Research Policy, 1986, 15 (6): 285 –305.

[246] Theyel, G. Management practices for environmental innovation and performance [J]. International Journal of Operations & Production Management, 2000, 20 (2): 249 –266.

[247] Tiwana, A. Do bridging ties complement strong ties? An empirical examination of alliance ambidexterity [J]. Strategic Management Journal, 2008, 29 (3): 251 –272.

[248] Tsang, E. W. In search of legitimacy: The private entrepreneur in China [J]. Entrepreneurship Theory and Practice, 1996, 21 (1): 21 –30.

[249] Tsang, E. W. Can guanxi be a source of sustained competitive advantage for doing business in China? [J] The Academy of Management Executive, 1998, 12 (2): 64 –73.

[250] Tsui, A. S. & Farh, J. - L. L. Where Guanxi Matters Relational Demography and Guanxi in the Chinese Context [J]. Work and Occupations, 1997, 24 (1): 56 –79.

[251] Turban, D. B. & Greening, D. W. Corporate social performance and organizational attractiveness to prospective employees [J]. Academy of Management Journal, 1997, 40 (3): 658 –672.

[252] Uzzi, B. Social structure and competition in interfirm networks: The paradox of embeddedness [J]. Administrative Science Quarterly, 1997: 35 –67.

[253] Van Heerde, H. J. , Gijsbrechts, E. & Pauwels, K. Winners and losers in a major price war [J] . Journal of Marketing Research, 2008, 45 (5): 499 – 518.

[254] Vandermerwe, S. & Oliff, M. D. Customers drive corporations [J] . Long Range Planning, 1990, 23 (6): 10 – 16.

[255] Walder, A. G. Communist neo – traditionalism: Work and authority in Chinese industry [M] . California: University of California Press, 1988.

[256] Walder, A. G. Local governments as industrial firms: an organizational analysis of China's transitional economy [J] . American Journal of Sociology, 1995: 263 – 301.

[257] Walker, G. , Kogut, B. & Shan, W. Social capital, structural holes and the formation of an industry network [J] . Organization Science, 1997, 8 (2): 109 – 125.

[258] Wallich, H. C. & McGowan, J. J. Stockholder interest and the corporation's role in social policy [R] . A New Rationale for Corporate Social Policy, 1970: 39 – 59.

[259] Wang, H. & Qian, C. Corporate philanthropy and corporate financial performance: The roles of stakeholder response and political access [J] . Academy of Management Journal, 2011, 54 (6): 1159 – 1181.

[260] Warren, D. E. , Dunfee, T. W. & Li, N. Social exchange in China: The double – edged sword of guanxi [J] . Journal of Business Ethics, 2004, 55 (4): 353 – 370.

[261] Wartick, S. L. & Cochran, P. L. The evolution of the corporate social performance model [J] . Academy of Management Review, 1985, 10 (4): 758 – 769.

[262] Weterings, A. & Koster, S. Inheriting knowledge and sustaining relationships: What stimulates the innovative performance of small software firms in the Netherlands? [J] Research Policy, 2007, 36 (3): 320 – 335.

[263] Willamson, O. The economic institutions of capitalism [M] . New York: Free Press, 1985.

[264] Williams, H. E. , Medhurst, J. & Drew, K. Corporate strategies for a sus-

tainable future [J]. Environmental Strategies for Industry, 1993: 117 – 146.

[265] Winn, S. F. & Roome, N. J. R&D management responses to the environment: current theory and implications to practice and research [J]. R&D Management, 1993, 23 (2): 147 – 160.

[266] Wood, D. J. Measuring corporate social performance: a review. International [J]. Journal of Management Reviews, 2010, 12 (1): 50 – 84.

[267] Wright, M., Filatotchev, I., Hoskisson, R. E. & Peng, M. W. Strategy Research in Emerging Economies: Challenging the Conventional Wisdom [J]. Journal of Management Studies, 2005, 42 (1): 1 – 33.

[268] Wu, J. Technological collaboration in product innovation: The role of market competition and sectoral technological intensity [J]. Research Policy, 2012, 41 (2): 489 – 496.

[269] Wu, J. & Pangarkar, N. The bidirectional relationship between competitive intensity and collaboration: Evidence from China [J]. Asia Pacific Journal of Management, 2010, 27 (3): 503 – 522.

[270] Wu, W. p. Dimensions of social capital and firm competitiveness improvement: The mediating role of information sharing [J]. Journal of Management Studies, 2008, 45 (1): 122 – 146.

[271] Xiaotong, F. From the Soil: The foundations of Chinese society: A Translation of Fei Xiaotong's Xiangtu Zhongguo, with an introduction and epilogue [M]. California: University of California Press, 1992.

[272] Xin, K. K. & Pearce, J. L. Guanxi: Connections as substitutes for formal institutional support [J]. Academy of Management Journal, 1996, 39 (6): 1641 – 1658.

[273] Xu, K., Huang, K. – F. & Gao, S. The effect of institutional ties on knowledge acquisition in uncertain environments [J]. Asia Pacific Journal of Management, 2012, 29 (2): 387 – 408.

[274] Yang, M. M. – h. Gifts, favors, and banquets: The art of social relationships in China [M]. Ithaca: Cornell University Press, 1994.

[275] Yang, T. – T. & Li, C. – R. Competence exploration and exploitation in

179

new product development: the moderating effects of environmental dynamism and competitiveness [J]. Management Decision, 2011, 49 (9): 1444 – 1470.

[276] Yang, Z. & Wang, C. L. Guanxi as a governance mechanism in business markets: Its characteristics, relevant theories, and future research directions [J]. Industrial Marketing Management, 2011, 40 (4): 492 –495.

[277] Yiu, D. W. , Lau, C. & Bruton, G. D. International venturing by emerging economy firms: the effects of firm capabilities, home country networks, and corporate entrepreneurship [J]. Journal of International Business Studies, 2007, 38 (4): 519 – 540.

[278] Zhang, S. & Li, X. Managerial ties, firm resources, and performance of cluster firms [J]. Asia Pacific Journal of Management, 2008, 25 (4): 615 – 633.

[279] Zhang, X. , Ma, X. & Wang, Y. Entrepreneurial orientation, social capital, and the internationalization of SMEs: Evidence from China [J]. Thunderbird International Business Review, 2012, 54 (2): 195 –210.

[280] Zhang, Y. & Wiersema, M. F. Stock market reaction to CEO certification: the signaling role of CEO background [J]. Strategic Management Journal, 2009, 30 (7): 693 –710.

[281] Zhao, L. & Aram, J. D. Networking and growth of young technology – intensive ventures in China [J]. Journal of Business Venturing, 1995, 10 (5): 349 –370.

[282] Zhou, K. Z. , Gao, G. Y. , Yang, Z. & Zhou, N. Developing strategic orientation in China: antecedents and consequences of market and innovation orientations [J]. Journal of Business Research, 2005, 58 (8): 1049 – 1058.

[283] Zhou, L. , Wu, W. P. & Luo, X. Internationalization and the performance of born – global SMEs: the mediating role of social networks [J]. Journal of International Business Studies, 2007, 38 (4): 673 –690.

[284] Zhu, Q. & Sarkis, J. An inter – sectoral comparison of green supply chain management in China: drivers and practices [J]. Journal of Cleaner Pro-

duction, 2006, 14 (5): 472 –486.

[285] Zhu, X. & He, Y. How managerial ties influence firm performance in China: a perspective of sensemaking [R]. Paper presented at the Industrial Engineering and Engineering Management (IEEM), 2010 IEEE International Conference on, 2010.

[286] 边燕杰, 丘海雄. 企业的社会资本及其功效 [J]. 中国社会科学, 2000, 2: 87 –92.

[287] 陈福初. 论我国《反不正当竞争法》的缺陷及其完善 [J]. 经济经纬, 2007, 3: 158 –160.

[288] 陈劲, 李飞宇. 社会资本: 对技术创新的社会学诠释 [J]. 科学学研究, 2001, 19 (3): 102 –107.

[289] 丁祖荣, 陈舜友, 李娟. 绿色管理内涵拓展及其构建 [J]. 科技进步与对策, 2008, 25 (9): 14 –17.

[290] 冯慧群, 马连福. 董事会特征, CEO 权力与现金股利政策——基于中国上市公司的实证研究 [J]. 管理评论, 2013, 25 (11): 123 –132.

[291] 高向飞, 邹国庆. 制度环境约束下的企业绩效分析 – 基于中国东北地区企业的实证研究 [J]. 中大管理研究, 2008, 3 (4): 1 –18.

[292] 郭海. 管理者的社会关系影响民营企业绩效的机制研究 [J]: 管理科学, 2013, 26 (4): 13 –24.

[293] 郭海, 王栋, 刘衡. 基于权变视角的管理者社会关系对企业绩效的影响研究 [J]. 管理学报, 2013, 10 (3): 360 –367.

[294] 韩军辉, 王剑芳. 基于企业社会责任的绿色管理模式分析 [J]. 科技创业月刊, 2006, 19 (6): 105 –106.

[295] 简晓彬, 周敏, 朱颂东. 军民融合型经济对制造业价值链攀升的作用分析 [R], 2013.

[296] 江旭. 医院间联盟中的知识获取与伙伴机会主义 [R]. 西安: 西安交通大学, 2008.

[297] 李茜. 跨国公司绿色管理对本土企业溢出效应的渠道研究 [R]. 上海: 复旦大学, 2013.

[298] 李卫宁, 吴坤津. 企业利益相关者, 绿色管理行为与企业绩效 [J]. 科学学与科学技术管理, 2013, 34 (005): 89 –96.

[299] 李怡娜，叶飞．制度压力，绿色环保创新实践与企业绩效关系——基于新制度主义理论和生态现代化理论视角［J］．科学学研究，2012，29（12）：1884－1894.

[300] 刘玉焕，井润田．企业社会责任能提高财务绩效吗——文献综述与理论框架［J］．外国经济与管理，2014，36（12）：72－80.

[301] 刘林艳，宋华．"绿色"公司作用于企业绩效吗——基于美国和中国的一项对比研究［J］．科学学与科学技术管理，2012，33（002）：104－114.

[302] 倪昌红．管理者的社会关系与企业绩效：制度嵌入及其影响路径［R］．长春：吉林大学，2011.

[303] 沈灏，魏泽龙，苏中锋．绿色管理研究前沿探析与未来展望［J］．外国经济与管理，2010（11）：18－25.

[304] 孙宝连，吴宗杰．企业主动绿色管理战略动因分析与政策建议［J］．科技进步与对策，2010，27（5）：75－77.

[305] 孙剑，李崇光，黄宗煌．绿色食品信息，价值属性对绿色购买行为影响实证研究［J］．管理学报，2010，7（1）：57－63.

[306] 王静，张天西，郝东洋．发放现金股利的公司具有更高盈余质量吗？——基于信号传递理论新视角的检验［J］．管理评论，2014，4：7.

[307] 王倩．企业社会责任与企业财务绩效的关系研究［R］．杭州：浙江大学，2014.

[308] 王雨魂，王冰，石洪萍．以"三态和谐"观构建企业绿色管理［J］．财会通讯：理财版，2006，4：32.

[309] 王志乐．跨国公司在中国报告［M］．北京：中国经济出版社，2005.

[310] 魏志华，吴育辉，李常青．机构投资者持股与中国上市公司现金股利政策［J］．证券市场导报，2012（10）：40－47.

[311] 吴明隆．SPSS 统计应用实务：问卷分析与应用统计［M］．北京：科学出版社，2003.

[312] 许政．互动导向，创新和企业绩效的关系研究［R］．长春：吉林大学，2013.

[313] 苏中锋，孙燕．不良竞争环境中管理创新和技术创新对企业绩效的影

响研究 ［J］. 科学学与科学技术管理, 2014, 35 (6): 110 - 118.

［314］杨卓尔, 高山行, 高宇. 分维度企业社会网络对企业能力作用机制研究——基于异质性探讨 ［J］. 科学学研究, 2013, 31 (10): 1553 - 1563.

［315］张钢, 张小军. 绿色创新战略与企业绩效的关系: 以员工参与为中介变量 ［J］. 财贸研究, 2013 (4).

［316］张丽君. 新产品预先发布对消费者购买倾向的影响: 基于消费者视角的研究 ［J］. 南开管理评论, 2010 (4): 83 - 91.

［317］张祥建, 郭岚. 政治关联的机理, 渠道与策略: 基于中国民营企业的研究 ［J］. 财贸经济, 2010 (9): 99 - 104.

附录　转型背景下的公司战略与创新调研问卷

尊敬的公司领导：

　　您好！我们是西安交通大学管理学院战略与技术创新管理课题组，本次调研旨在了解公司制度环境、市场环境、绿色实践情况、企业社会关系、管理创新等相关信息。

　　通过本次调查，我们希望能为转型背景下我国公司创新提供参考，同时为政府提供政策制定依据。

保密声明：

　　本次调研信息将仅为研究之用，将信息进行整体分析，不针对个别公司。我们郑重承诺对本问卷所涉及的公司信息严格保密。

填写方法：

- 请您使用黑色或蓝黑色的钢笔、签字笔或圆珠笔进行填写
- 请您根据您的真实想法，在所有选项中选出最符合您想法的选项，然后在方框内画"√"。
- 有个别问题需要您填写具体的数字。
- 所有问题均是单选题，请您回答完所有的问题。

需要时间：

　　完成本问卷大概需要占用您20分钟。

联系方式：

　　请您留下您的电子邮箱，以方便我们反馈调研结果。E – mail：_____

　　衷心感谢贵公司的帮助！非常感谢您的合作和支持！

　　以下为本套问卷中与本研究相关的题项。

转型背景下的公司战略与创新调研问卷（1）

01：公司名称：		02 地址：
03：主营业务或产品：		04 电话：
被访问人信息	05 您已在本公司工作：_____年；是否是公司的创立者之一：①是；②否	
	06 公司的创业者是否是技术出身：①是；②否	
	07 职务：①董事长或总经理；②副总；③总工或总监等高管；④中层管理者	
	08 年龄：①21~30；②31~40；③41~50 ④51~60；⑤60 岁以上	
	09 文化程度：①大专及以下；②本科；③硕士；④博士	

一、公司基本情况

101. 公司创建于_____年，现有员工_____人。

102. 公司在行业中属于：①小公司；②中等公司；③大公司；④ 特大型公司。

103. 公司的总资产为：_____万元；公司是否是高新技术公司：①是；②否。

104. 公司是否设立独立的研发机构：①是；②否，共有研发人员_____人。

105. 公司类型：①国有或国有控股；②民营或个体；③外商合资；④集体公司。

106. 相对于主要竞争对手，公司以下几个方面的绩效：

（请按照实际情况，从 1 到 5 进行评价，1 = 很低；2 = 低；3 = 中等；4 = 高；5 = 很高）

1）资产回报率	1	2	3	4	5
2）销售回报率	1	2	3	4	5
3）投资回报率	1	2	3	4	5
4）平均利润率	1	2	3	4	5
5）销售额的增长	1	2	3	4	5
6）市场份额的增长	1	2	3	4	5
7）利润的增长	1	2	3	4	5

二、制度和资源环境

请根据贵公司所面临的制度环境和资源环境选择您对以下陈述的赞同程度：

（1 = 非常不同意；2 = 不同意；3 = 中等；4 = 比较同意；5 = 非常同意）

201. 在过去 3 年的经营过程中，					
1）威胁公司生存与发展的环境因素很少	1	2	3	4	5
2）我们所处的市场中有丰厚的获利机会	1	2	3	4	5
3）我们很容易获得资金的支持	1	2	3	4	5
4）很容易获得生产要素（劳动力、土地、原材料等）	1	2	3	4	5
5）很容易获得所需的技术人才	1	2	3	4	5

三、公司管理人员外部关系

（1 = 非常不同意；2 = 不同意；3 = 中等；4 = 比较同意；5 = 非常同意）

301. 在过去 3 年里，企业的高管：					
1）与终端顾客建立了密切的个人关系	1	2	3	4	5
2）与供应商的管理人员建立了良好的关系	1	2	3	4	5
3）与分销商的管理人员建立了良好的关系	1	2	3	4	5
4）与同行的管理人员建立了良好的关系	1	2	3	4	5

302. 在过去 3 年里，企业的高管：					
1）与当地政府各个部门的领导维持较好的关系	1	2	3	4	5
2）与各种行业协会建立了很好关系	1	2	3	4	5
3）与大学建立了很好的关系	1	2	3	4	5
4）与科研机构建立了很好的关系	1	2	3	4	5
5）与媒体机构建立了很好的关系	1	2	3	4	5
6）与其他行业的公司领导建立了很好的关系	1	2	3	4	5
7）与各种社会组织建立了很好的关系	1	2	3	4	5

转型背景下的公司战略与创新调研问卷（2）

01：公司名称：	02 地址：
03：主营业务或产品：	04 电话：

被访问人信息	05 您已在本公司工作：_____年；是否是公司的创立者之一：①是；②否
	06 公司的创业者是否是技术出身：①是；②否
	07 职务：①董事长或总经理；②副总；③总工或总监等高管；④中层管理者
	08 年龄：①21～30；②31～40；③41～50 ④51～60；⑤60 岁以上
	09 文化程度：①大专及以下；②本科；③硕士；④博士

一、市场与竞争环境

请根据公司所面临的市场环境选择您的赞同程度：

（1 = 非常不同意；2 = 不同意；3 = 中等；4 = 比较同意；5 = 非常同意）

101. 顾客需求方面，					
顾客对于产品和服务的需求在不断变化	1	2	3	4	5

102. 公司所在行业的市场发展方面，					
产品市场容量的大小还很难确定	1	2	3	4	5

103. 市场竞争方面，					
1）公司面临的市场竞争很激烈	1	2	3	4	5
2）市场上有太多与我们产品相类似的产品	1	2	3	4	5
3）市场中经常发生价格战	1	2	3	4	5
4）市场上新的促销手段层出不穷	1	2	3	4	5
5）竞争对手经常试图抢夺我们的客户	1	2	3	4	5

104. 市场竞争环境方面，					
1）市场中存在较多非法模仿新产品的不正当竞争	1	2	3	4	5
2）产品或商标曾经被其他公司模仿或伪造	1	2	3	4	5
3）公司经常遭遇其他公司的不正当竞争	1	2	3	4	5

续表

4）公司的利益容易受到不正当竞争的侵害	1	2	3	4	5
5）很难依赖法律法规惩罚不正当竞争	1	2	3	4	5

二、公司绿色实践情况

请根据公司过去 3 年的绿色实践情况，选择您的赞同程度：

（1 = 非常不同意；2 = 不同意；3 = 中等；4 = 比较同意；5 = 非常同意）

201. 在过去的 3 年里：					
1）与同行相比，我们的产品更环保	1	2	3	4	5
2）与同行相比，我们的产品生产过程更省资源	1	2	3	4	5
3）与同行相比，我们的产品生产过程污染更小	1	2	3	4	5
4）与同行相比，我们的产品对顾客更安全	1	2	3	4	5
5）与同行相比，我们的产品更容易回收利用	1	2	3	4	5